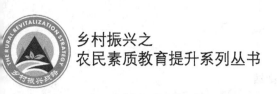

乡村振兴之
农民素质教育提升系列丛书

常用农业机械使用与维修

◎ 张芬莲　袁　平　陈磊光　主编

U0348981

中国农业科学技术出版社

图书在版编目（CIP）数据

常用农业机械使用与维修 / 张芬莲，袁平，陈磊光主编 . —北京：
中国农业科学技术出版社，2019. 8（2023.3 重印 ）

（乡村振兴之农民素质教育提升系列丛书）

ISBN 978-7-5116-4311-7

Ⅰ . ①常… Ⅱ . ①张… ②袁… ③陈… Ⅲ . ①农业机械—使用方法
②农业机械—机械维修 Ⅳ. ①S220.7

中国版本图书馆 CIP 数据核字（2019）第 152109 号

责任编辑 张国锋
责任校对 李向荣

出 版 者	中国农业科学技术出版社
	北京市中关村南大街12号　　　　邮编：100081
电 话	（010）82106636（编辑室）（010）82109702（发行部）
	（010）82109709（读者服务部）
传 真	（010）82106631
网 址	http://www.castp.cn
经 销 者	全国各地新华书店
印 刷 者	北京中科印刷有限公司
开 本	850mm×1 168mm　1/32
印 张	5.5
字 数	136千字
版 次	2019年8月第1版　2023年3月第5次印刷
定 价	26.00元

《常用农业机械使用与维修》

编委会

主　编	张芬莲	袁　平	陈磊光
副主编	刘晓楼	张正聪	黄自得
	庞海江	王秀芬	刘国庆
	黄大彦	王桂荣	周凤华
编　委	沈党吉	曾纪勇	刘万忠
	韩耀红	王　涛	孟宪忠
	李　艳		

SEQUENCE 序

以习近平新时代中国特色社会主义思想为指导，全面贯彻党的"十九大"精神，实施乡村振兴战略是做好"三农"工作的总抓手。培育高素质的职业农民，以质量兴农、绿色兴农、品牌强农为导向，以满足农民需求为核心，以提升培育质量效能为重点，根据乡村振兴对不同层次人才的需求，通过就地培养、吸引提升等方式，发展壮大一支爱农业、懂技术、善经营的职业农民队伍，是作为强化乡村振兴人才支撑的重要途径。

农民教育培训质量的不断提高，需要多种硬件与软件的投入与积累，有赖于多方面的努力与配合，其中，培训教材是不可或缺的重要一环。充分发挥教材在教与学过程中的辅助作用，为职业农民出版精品教材、为职业农民提供技术帮助，是我们从事农民教育的相关参与者的使命担当和应尽责任。

"农，天下之大业也"。全面建立职业农民制度，带动乡村人口综合素质、生产技能和经营能力进一步提升，促进人才要素在城乡之间双向流动，让农民真正成为有吸引力的职业，让农业成为有奔头的产业，让农村成为安居乐业的美好家园，是实现全面小康和中华民族伟大复兴中国梦的重要组成。

PREFACE 前　言

　　农业机械化是农业现代化的重要推动力，是把农民从繁重的体力劳动中解脱出来、提高劳动生产率、增加经济效益的有效途径。为了提高农民朋友安全正确地使用常用农业机械的能力，并能对常用机具出现的故障进行判断和排除，我们编写了本书。

　　本书全面系统地叙述了我国农业生产中常用的耕整地机械、种植机械、灌溉设备、植保机械、收获机械、农产品加工机械、拖拉机等常用农业机械的使用技术、常见故障及排除方法等内容。

　　本书内容丰富、通俗易懂、实用性强，可作为农民朋友、农机操作人员和维修人员的培训教材，也可作为农机管理人员的参考用书。

　　由于编者水平有限，书中难免存在不足之处，欢迎广大读者批评指正。

编　者
2019年5月

CONTENTS 目 录

第一章
耕整地机械使用与维修

耕整地是农业生产中的一个基本环节，科学地使用耕整地机械，不仅能提高效率，而且可为播种、收获等作业的机械化打下良好的基础。耕整地机械包括耕地机械和整地机械。前者用来耕翻土地，主要作业机具有铧式犁、圆盘犁等；后者用来碎土、平整土地或进行松土除草，主要作业机具有钉齿耙、圆盘耙、平地拖板、网状耙、镇压器等。为了提高作业效率，近年来复式作业和联合作业机具发展很快，应用较广的机具有旋耕机、耕耙犁等。本章以应用比较广泛的铧式犁、圆盘耙和旋耕机为例进行介绍。

一、铧式犁

（一）铧式犁的类型及组成

犁是农业生产中最基本的工具之一，其中铧式犁是目前使用最广、数量最大的传统耕地机械（图1-1）。

常用农业机械使用与维修

图1-1　铧式犁

1. 铧式犁的类型

常见的铧式犁有牵引式、悬挂式两种。

牵引犁由拖拉机牵引前进，工作时由起落机构使犁架降落，工作部件入土，耕翻土壤。运输及地头转弯时，通过起落机构使犁架升起，工作部件出土离开地面，犁由犁轮支承，随拖拉机行进。牵引犁工作稳定，作业质量较好，但结构复杂、质量大、机组转弯半径大、机动性较差，多用于大型、多铧、宽幅的条件，适用于大地块作业。

悬挂犁的工作部件装在犁架上，犁架通过悬挂装置与拖拉机联结，由拖拉机液压机构操纵。工作时犁架降落，工作部件入土；运输及地头转弯时，整个犁升起离开地面，悬挂在拖拉机上。悬挂犁具有结构简单、质量小、操作灵活、机动性好的优点，但整个机组的纵向稳定性较差。如果犁体过重，易使拖拉机前端抬起，因而大型悬挂犁的发展受到限制，适用于中小地块作业。

2. 铧式犁的组成

铧式犁由工作部件和辅助部件两大部分组成。其中工作部件包括主犁体、小前犁、犁刀和深松铲等，辅助部件包括犁架、犁轮、牵引或悬挂装置、起落、换向、耕深和水平调节机构等。

（二）铧式犁的田间作业

1. 开墒

在未耕地上耕第一犁叫做开墒。如果以全耕深耕第一犁，由于没有犁沟容纳第一犁翻落的土垡，就会使土垡翻转不完全，并高出地表形成垄台，不便于以后作业。因此，一般在开墒时，将沟轮调到半耕深，使前铧耕深为尾铧耕深的一半。这样可以减小垄台和提高翻垡质量。悬挂犁上，可将限深轮调到全耕深位置，而将右升降杆调整到半耕深位置。耕第二犁时，再将机架调节成水平，进行正常作业。

2. 机组行走方法

耕地常用的行走方法有如下几种。

（1）内翻法。

机组在耕区中线左侧耕第一犁，到地头起犁后，按顺时针方向进行环节转弯。紧靠第一犁返回耕第二犁，依次循环耕作。这样在耕区中间成闭垄，土垡向地中线翻转，因此，内翻法也叫闭垄耕翻法或向心耕翻法。

（2）外翻法。

机组在耕区右侧地边入犁，耕到地头向左转至耕区左边返回耕第二犁，然后又到耕区右侧耕第三犁，如此循环工作，最后在耕区中间形成开垄，土垡由中心向两侧翻转，因此又称为开垄耕翻法或离心耕翻法。

（3）套耕法。

① 双区套耕。将耕区划为两个小区。先用外翻法耕第一区，耕至中间剩下的宽度不能作无环节转弯时，仍用外翻法耕第二区，耕到不能作无环节转弯时，再把两区剩下的蕊条，用外翻法套耕。

② 外内翻套耕。把耕区划为4个小区。由第三区右侧入犁，从第一区左侧回犁，把第一、第三区用外翻法耕完，再用内翻法耕第二、第四区。

套耕的优点是减少开闭垄，提高作业质量，避免机组进行环节转弯，便于操作，缩短地头。

（4）梯形地块耕法。

耕地前根据地块形状找出中心线。耕地时先从较宽一头的中心开墒，进行内翻，不耕到头就回耕，回耕次数由地块两边宽度差和犁的幅宽决定，直耕到中心线两边未耕地都成等宽平行四边形时，就可一直耕到头，逐步将剩余地块耕完。

（5）三角形地块耕法。

三角形地块也可采用与梯形地块相同的耕法。如三角地块过小，机组回转不方便，则可采用倒车单行耕作。

3. 地头耕法

耕地前，为使地头整齐，可先在地块两头距地边一定距离处各横向耕一条地头线，作为起、落犁的标志，地头宽度应根据机组长度确定。

区内耕结束后再耕地头。地头耕翻方法一般有3种。

（1）单独外翻法。

把地头当做一块耕地，用外翻法耕完。

（2）单独内翻法。

把地头当做一块耕地，用内翻法耕完。

（3）联耕法。

根据机组地头回转时需要的宽度，除留出地头外，在耕区两侧边留出相同的宽度，在耕完主要耕区后，绕已耕地将地头及两侧留下的未耕地一起回转耕翻（四角起犁）。用这种方法能达到内耕接垄，外耕到边，耕后地面平整的要求。

（三）铧式犁常见故障与排除

1. 入土困难

排除方法：因铧刃磨损或铧尖部分上翘变形，需更换犁铧或修复。

2. 土质干硬

排除方法：适当加大入土角、入土力矩或在犁架尾部加配重。

3. 犁架前高后低或横拉杆偏低或拖把偏高

排除方法：调短上拉杆长度、提高牵引犁横拉杆或降低拖拉机的拖把位置。

4. 犁铧垂直间隙小

排除方法：更换犁侧板、检查犁壁等。

5. 悬挂机组上拉杆过长

排除方法：缩短上拉杆，使犁架在规定耕深保持水平。

6. 拖拉机下拉杆限位链拉得过紧

排除方法：放松链条。

7.悬挂点位置选择不当，入土力矩过小

排除方法：犁的下悬挂点挂上孔，上悬挂点挂下孔，增大入土力矩。

二、圆盘耙

（一）圆盘耙的类型及组成

圆盘耙主要用于犁耕后的碎土和平地，也可用于搅土、除草、混肥，收获后的浅耕、灭茬，播种前的松土，飞机撒播后的盖种，有时为了抢农时、保墒也可以耙代耕，是表土耕作机械中应用最多的一种机具（图1-2）。

图1-2　圆盘耙

1.圆盘耙的类型

按机重、耙深和耙片直径可分为重型、中型和轻型3种。

重型圆盘耙适用于开荒、低温地和黏重土壤，耕后碎土，黏壤土耙地代耕；中型圆盘耙适用于黏壤土耕后碎土，壤土耙地代耕；轻型圆盘耙适用于壤土耕后碎土，轻壤土耙地代耕。

按与拖拉机的挂接方式可分为牵引、悬挂和半悬挂3种形式。重型耙一般多用牵引式或半悬挂式，轻型耙和中型耙则3种形式都有。

按耙组的配置方式可分为对置式和偏置式两种；按耙组的排列方式可分为单列耙和双列耙。

2. 圆盘耙的组成

圆盘耙一般由耙组、耙架、悬挂架和偏角调节机构等组成。对于牵引式圆盘耙，还有液压式（或机械式）运输轮、牵引架和牵引器限位机构等，有的耙上还设有配重箱。

（二）圆盘耙的田间作业

1. 工作过程

作业时圆盘耙片的回转平面与地面垂直，无倾角，但与前进方向成一夹角，即偏角。在耙的重力及刃口和曲面综合作用下，耙片切入土壤，使土块沿凹面上升至适当高度并回落下来，所以具有一定的碎土、翻土和覆盖作用。此外，它还有推土、铲土（草）作用。

圆盘耙组在作业时，由于受到外力的作用与影响，产生的侧向力偶矩导致耙组两端耙深不一致，即耙组凹端钻入土内较深，凸端有离地趋势，所以常用强制的方法来解决这一问题，即抬头的凸端加重量或用吊杆将凹端上抬。若偏角加大，会加强入土性能，其碎土、翻土效果也会增强，但工作阻力也随之加大，适宜偏角为14°～23°。

2.耙深调节

用角度调节装置调节耙深。其方法为：停车后将齿板前移到某一缺口位置固定，再向前开动拖拉机，牵引器与滑板均向前移动，直到滑板末端上弯部分碰到齿板为止。前后耙组相对于机架作相应的摆转，此时偏角加大，耙深增加；若调浅耙深，则提升齿板，倒退拖拉机，将滑板后移，固定齿轮于相应缺口中，偏角则变小，耙深变浅。若上述调整耙深的方法仍未达到预定深度，则采用加配重量的方法。

3.水平调整

对于前后两列的圆盘耙，是利用卡板和销子与主梁连接来防止前列两个耙组凹面上翘，使耙深变浅；后列的两个耙组凹面端是利用两根吊杆挂在耙架上，提高吊杆可调整凹面端入土深度。这样可在横向水平方向调整前后耙架的水平，纵向水平可改变牵引钩在牵引器上的不同孔位来进行调整。牵引钩下移，前列耙组耙深减小；反之前列耙组耙深增加。

（三）圆盘耙常见故障与排除

1.圆盘耙工作时耙片不入土或耙深不够

故障原因：耙组的偏角调节太小或附加重物不够；耙片磨损或耙片间堵塞；拖拉机或连接器上的连接点位置偏高。

排除方法：适当调大偏角或增加重物；重新磨刀或更换，清除堵塞物；调低拖拉机或连接器上的连接点位置。

2.耙盘间的堵塞

故障原因：土壤太黏太湿、杂草太多使刮泥板不起作用、耙组偏角太大、机器前进速度太慢。

排除方法：选择水分适宜时耙地、调节刮泥板的位置和间隙、调小偏角、加快机器前进速度。

3. 耙后地面不平

故障原因：① 前后耙组偏角不一致；② 负重不一致；③ 耙架纵向不平；④ 耙组偏转造成耙组偏角不一致；⑤ 个别耙组不转动或堵塞。

排除方法：① 调整偏角；② 调整附加重物；③ 调整牵引点高低；④ 调整纵拉杆在横拉杆上的位置；⑤ 清除污源和堵塞物。

4. 耙片脱落

故障原因：方轴螺母松脱。

排除方法：重新拧紧或换修。

三、旋耕机

（一）旋耕机的类型及组成

旋耕机是一种由动力驱动的旋转式耕作机具，主要用于水田、菜园、黏重土壤和季节性强的浅耕灭茬，在播种整地作业中得到广泛的应用。其切土、碎土能力强，耕后地表平整、松软，但覆盖质量差。在我国南方地区多用于秋耕稻田种麦、水稻插秧前的水耕水耙。它对土壤湿度的适应范围较大，凡拖拉机能进入的水田都可以耕作。在我国北方地区大量用于铲茬还田、破碎土壤的作业。另外，还适应于盐碱地的浅层耕作、荒地灭茬除草、牧场草地浅耕再生等作业（图1-3）。

图1-3　旋耕机

1. 旋耕机的类型

（1）按与拖拉机的挂接方式分类。

可分为悬挂式、直接连接式和牵引式3种。

① 悬挂式旋耕机。连接方式与悬挂犁相同，动力通过万向节轴传来，经过传动装置带动刀轴旋转。优点是连接方便，能与多种拖拉机配套，但应注意升起高度不宜过大，不然会使万向节轴因倾角过大而提早损坏。

② 直接连接式旋耕机。将中间传动的外壳用螺钉直接固定在拖拉机的后桥壳上。升降时中间齿轮箱和主梁不动，仅工作部件绕主梁转动而升降，它的纵向尺寸较紧凑，省去了万向节，操作不受万向节倾角的限制，但只能与某种拖拉机配套，挂接也不方便。

③ 牵引式旋耕机。利用牵引装置与拖拉机相连，结构复杂，运转也不灵活，已不采用。

（2）按传动位置分类。

可分为中间传动和侧边传动两种。

① 中间传动式旋耕机。刀轴所需动力由中间传来，刀轴左右受力均匀，但刀轴结构复杂，中间还应设一刀体补漏，如1GN-200型旋耕机。

② 侧边传动式旋耕机。刀轴所需动力由左侧传来，它除刀轴受力和整机重量分布稍不均匀外，其余都比中间传动式好，故定为基本型式（型号中没有N），如1G-150型旋耕机。

（3）按传动方式分类，可分为齿轮传动和链条-齿轮传动两种。

① 齿轮传动旋耕机。零件多、结构复杂，但传动可靠，故采用较多，定为基本型式，如1G-150型旋耕机。

② 链条-齿轮传动旋耕机。刀轴和中间齿轮箱间采用链条，可省去两个中间齿轮和轴承等，结构简单，但使用不当时，易发生故障，如1GL-150型旋耕机。

2. 旋耕机的组成

旋耕机由机架、传动部分、旋耕刀轴、刀片、耕深调节装置、罩壳和拖板等组成。

（1）机架。

机架是旋耕机的骨架，由左、右主梁，中间齿轮箱，侧边传动箱和侧板等组成，主梁的中部前方装有悬挂架，下方安装刀轴，后部安装机罩和拖板。

（2）传动部分。

传动部分由万向节传动轴、中间齿轮箱和侧传动箱组成。拖拉机动力输出轴的动力经万向节传动轴传给中间齿轮箱，然后经侧传动箱传往刀轴，驱动刀轴旋转。

万向节轴是将拖拉机动力传给旋耕机的传动件。它能适应旋耕机的升降及左右摆动的变化。

（3）工作部分。

旋耕机的工作部分由刀轴、刀座和刀片等组成。

刀轴用无缝钢管制成，两端焊有轴头，用来和左、右支臂相连接。刀轴上焊有刀座或刀盘。刀座按螺旋线排列焊在刀轴上以供安装刀片；刀盘上沿外周有间距相等的孔位。根据农业技术要求安装刀片。刀片用65号锰钢锻造而成，要求刃口锋利，形状正确，刀片通过刀柄插在刀座中，再用螺钉等固紧，从而形成一个完整刀辊。

旋耕刀片是旋耕机的主要工作部件。刀片的形式有多种，常用的有凿形刀、弯形刀、直角刀等。

① 凿形刀。刀片的正面为较窄的凿形刃口，工作时主要靠凿形刃口冲击破土，对土壤进行凿切，入土和松土能力强。功率消耗较少，但易缠草，适用于无杂草的熟地耕作。凿形刀有刚性和弹性两种，弹性凿形刀适用于土质较硬的地，在潮湿黏重土壤中耕作时漏耕严重。

② 弯形刀片。正面切削刃口较宽，正面刀刃和侧面刀刃都有切削作用，侧刃为弧形刀刃，有滑动作用，不易缠草，有较好的松土和抛翻能力，但消耗功率较大，适应性强，应用较广。弯刀有左、右之分，在刀轴上搭配安装。

③ 直角刀。刀刃平直，由侧切刃和正切刃组成，两刃相交约90°。它的刀身较宽，刚性较好，具有较好的切土能力，适于在旱地和松软的熟地上作业。

（4）辅助部件。

旋耕机辅助部件由悬挂架、挡泥罩、拖板和支撑杆等组成。悬挂架与悬挂犁上悬挂架相似，挡泥罩制成弧形，固定在刀轴和刀片旋转部件的上方，挡住刀片抛起的土块，起防护和进一步破碎土块的作用。拖板前端铰接在挡泥罩上，后端用链条挂在悬挂架上，拖板的高度可以用链条调节。

（二）旋耕机的田间作业

1. 旋耕机与拖拉机的连接

（1）与手扶拖拉机的连接。

手扶拖拉机旋耕机是用螺栓固定在变速箱体的后面与拖拉机成一整体。安装时应先拆下固定在变速箱体上的牵引架，把旋耕机固定到变速箱体上，注意对准接合平面上的两个定位销。当传动齿轮啮合不上时，不要硬装，此时稍转动旋耕机刀轴，即可合上。

（2）与轮式拖拉机的悬挂连接。

安装步骤：① 拖拉机向后倒车与旋耕机的左、右悬挂销连接；② 安装上拉杆；③ 安装万向节。安装时注意万向节方轴一端的夹叉开口和套的一端的夹叉开口必须在同一平面内，如果装错，工作时振动大，引起机件损坏。

连接完毕后，提升旋耕机使刀片稍离地面低速试运转，检查各部件是否正常，确认运转正常后方可正式作业。

（3）拖拉机轮距的调整。

旋耕机工作时应使拖拉机轮子走在未耕地上，以免压实已耕地，故需调整轮距，使轮子位于旋耕机的工作幅内。

对于偏置式旋耕机，则拖拉机一侧的轮子应位于旋耕机工作幅内，作业时应注意行走方法，防止拖拉机另一侧的轮子压实已耕地。拖拉机换装水田叶轮带水旋耕时，因叶轮有搅动的作用可相应调大轮距，增加机组的稳定性。

2. 旋耕机的调整

（1）左右水平调整。

将旋耕机降低至刀尖接近地面，视其左右刀尖离地高度是否一致。若不一致，应调节悬挂机构的提升杆长度。

（2）前后水平调整。

旋耕机正常工作时，通过调节上拉杆长度，使旋耕机变速箱处于水平状态，此时万向节前端也接近水平。

（3）耕深调整。

视拖拉机液压悬挂系统的型式而定。具有力、位调节方法的液压悬挂系统应使用位调节耕深，禁止使用力调节。分置式液压悬挂系统应使用油缸上的定位卡箍调节耕深，当达到所需耕深时将定位卡箍固定在相应的位置上，工作时分配器操纵手柄处于"浮动"位置。

手扶拖拉机旋耕机的耕深调整是改变尾轮位置的高低。上下移动尾轮的外管，可在较大范围内调节耕深。尾轮外管位置固定合适后，旋转尾轮手柄可以少量调节耕深。

3. 行走方法

（1）梭形耕法。

机组由地块一侧进入，一行紧接一行，往返耕作，最后耕地头。此法适于手扶拖拉机旋耕机组。

（2）套耕法。

机组由地块的一侧进入，耕到地头后相隔3~5个工作幅返回，一小区耕完后再耕下一小区。右侧偏置的旋耕机应从地块的右侧进入。

（3）回行耕法。

机组从地块一侧进入，转圈耕作，转弯时应将旋耕机提离地面。右侧偏置的旋耕机应从地块的右侧进入。回行耕法适用于水田带水旋耕。

4.操作注意事项

（1）拖拉机前进速度的大小影响碎土性能，当刀轴转速一定，增大拖拉机前进速度时碎土差；反之，则碎土好。同时还应注意防止拖拉机超负荷。一般情况下，水耕或耙地作业时，前进速度3～5千米/小时；旱耕作业，前进速度2～3千米/小时。

手扶拖拉机旋耕机的刀轴转速可以调整，除由刀轴变速杆改变刀轴转速外，还得通过刀轴传动箱内主、被动链轮的对换改变转速。

（2）旋耕机因受万向节传动时倾斜角的限制，地头转弯和在传动中提升旋耕机必须限制提升高度，一般刀片离地15～20厘米即可。田间转移或过埂时，旋耕机需要升到最高位置，这时应停止万向节的传动。

（3）旋耕机开始工作时，应使刀片逐步入地，达到边起步边入土，禁止在机组起步前将旋耕机先入土或猛放入土，以免部件损坏。

（4）作业过程中不应有漏耕，可有少量重耕。

（三）旋耕机常见故障与排除

1.旋耕机负荷过大

排除方法：① 旋耕深度过大，应减少耕深；② 土壤黏重、过硬，应降低机组前进速度和刀轴转速，轴两侧刀片向外安装将其对调，变成向内安装，以减少耕幅。

2. 旋耕机后间断抛出大土块

排除方法：①刀片弯曲变型，应校正或更换刀片；②刀片断裂，重新更换刀片。

3. 旋耕机在工作时有跳动

排除方法：①土壤坚硬，应降低机组前进速度及刀轴转速；②刀片安装不正确，重新检查按规定安装；③万向节安装不正确，应重新安装。

4. 旋耕后地面起伏不平

排除方法：①旋耕机未调平，重新调平；②平土拖板位置安装不正确，重新安装平土拖板并调平；③机组前进速度与刀轴转速配合不当，改变机组前进速度或刀轴转速。

5. 齿轮箱内有杂音

排除方法：①安装时不慎有异物掉落，取出异物；②圆锥齿轮箱侧间隙过大，重新调整侧间隙；③轴承损坏，更换新轴承；④齿轮箱齿轮牙齿折断，修复或更换。

6. 施耕机工作时有金属敲击声

排除方法：①刀片固定螺钉松脱，应重新拧紧；②刀轴两端刀片变形，应校正或更换刀片；③刀轴传动链过松，调节链条张紧度；④万向节倾角过大，注意调节旋耕机提升高度，改变万向节倾角。

7. 旋耕机工作时刀轴转不动

排除方法：①传动箱齿轮损坏咬死，更换齿轮；②轴承损坏咬死，更换轴承；③圆锥齿轮无齿侧间隙，重新调整侧间隙；④刀轴侧板变形，校正侧板；⑤刀轴弯曲变形，校正刀轴；⑥刀轴缠草堵泥严重，清除缠草积泥。

8. 刀片弯曲或折断

排除方法：①与坚石或硬地相碰，更换犁刀，清除石块，缓慢降落旋耕机；②转弯时旋耕机仍在工作，应按操作要领，转弯时必须先提起旋耕机；③犁刀质量不好，更新犁刀。

9. 齿轮箱漏油

排除方法：①油封损坏，应更换油封；②纸垫损坏，更换纸垫；③齿轮箱有裂缝，修复箱体；④齿轮箱上通气孔堵塞，清洗并疏通通气孔。

第二章

种植机械使用与维修

一、播种机械

（一）播种机的构造

播种机类型很多，结构形式不尽相同，但其基本构成是相同的。播种机（图2-1）一般由排种器、开沟器、种子箱、输种管、地轮、传动机构、调节机构等组成，在施肥播种机上还有排肥器、输肥管。

图2-1　玉米施肥播种机

1. 排种器

排种器是播种机的主要工作部件，其工作性能的好坏直接影响播种机的播种量、播种均匀性和伤种率等性能指标。常用排种器可分为条播和穴播两大类。条播排种器有外槽轮式、内槽轮式、锥面型孔盘式、匙式、磨纹盘式、离心式、摆杆式、刷式；穴播排种器有各种型孔盘式（水平、垂直、倾斜）、窝眼轮式、型孔带式、离心式、指夹式以及各种气力式（气吸式、气吹式及气送式等）。

2. 开沟器

开沟器也是播种机的重要工作部件之一，它的作用是在播种机工作时，开出种沟，引导种子和肥料入土并能覆盖种子和肥料。对开沟器的性能要求是：入土性能好，不缠草，开沟深度能在20厘米内调节，以湿土覆盖种子，工作阻力小。

3. 播种机的辅助构件

（1）机架。用于支持整机及安装各种工作部件。一般用型钢焊接成框架式。

（2）传动和离合装置。通常用行走轮通过链轮、齿轮等驱动排种、排肥部件。链轮或齿轮一般均能调换安装，以改变排种、排肥传动比调节播种量或播肥量。各行排种器和排肥器均采用同轴传动。

（3）划印器。播种作业行程中按规定距离在机组旁边的地上划出一条沟痕，用来指示机组下一行程的行走路线，以保证准确的邻接行距。

（4）起落和深浅调节装置。

（二）播种机的安装

为适应不同作物种类对行距的不同要求，施肥播种机的开沟器可在开沟器梁上左右移动安装位置。按要求的行距进行开沟器配列安装的程序如下。

（1）按下列公式计算播种机梁上可安装开沟器的数目（只取整数）：

$$n = \frac{L}{b} + 1$$

式中，n——梁上可安装的开沟器数（个）；

L——开沟器梁的有效长度（厘米），为开沟器梁的安装长度减去一个开沟器拉杆的安装宽度；

b——农业技术所要求的行距（厘米）。

开沟器配列如图2-2所示。

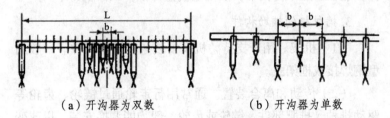

（a）开沟器为双数　　　　　　（b）开沟器为单数

图2-2　开沟器配列示意

（2）按行距逐次从梁中间向两侧对称配列安装，以保证两侧工作阻力一致，行走稳定。如开沟器为单数，则从梁的中线开始安装第一个开沟器；若开沟器为双数，则从梁的中线两侧各半个行距开始安装开沟器。

（3）安装时，窄行播种机相邻开沟器应将前后列相互错开（前列拉杆短，后列拉杆长），以保证开沟器间不易堵塞。开沟器为双数时，中间两行应装前列开沟器，然后按一后一前顺序向两侧安装。在需要使用的开沟器数等于或小于原整机配备开沟器数的一半时（播种宽行作物时），可全用后列开沟器。

（4）中耕作物播种时，其开沟器配列必须与中耕机械的安装和作业要求配套，播种机的工作幅宽必须等于中耕机工作幅宽的整数倍。

（5）暂时不用的开沟器、输种管、输肥管应予拆除，不用的排种器应用盖板盖住。不用的排肥器应拔掉大锥齿轮上开口销，让其在排肥星轮轴上空转。

（6）开沟器升降叉和拉杆移到安装位置后，应将固定螺栓拧紧，并起落数次，检查其安装是否紧固，行距是否准确，若不符合要求，应予以校正。

（三）播种机田间作业注意事项

一是按使用说明书要求，将播种机安装调试好，达到使用技术要求。

二是播种前应先察看地块情况，如地块大小、地面形状、坡度和有无障碍物等，做到心中有数，以确保作业质量和机组安全。把种子肥料放在地头适当位置，减少加种、加肥时间，提高工效。

三是播种机组在工作行程中应尽量避免停车，必须停车时为防止出现缺苗"断条"现象，应将播种机升起，后退一定距离，再继续播种。下降播种机时，要在拖拉机缓慢前进时降下。开沟器入土后播种机不得后退，以免堵塞或损坏开沟器。

四是地头转弯时，应将播种机悬起或把开沟器及土壤工作部件升起，切断排种器和排肥器的动力，升起划行器，然后才能转弯。

五是种子必须清洁、干燥，不得夹杂秸秆、石块，以防堵塞排种口，影响排种量。

六是机手在工作中应经常观察播种机各部件的工作是否正常，特别应注意排种器是否排种，输种管有无堵塞，开沟器是否被湿土堵塞，覆土镇压器的工作是否正常。

七是播完一种作物，要认真清理种子箱，以免种子混杂而造成排种故障。肥料箱使用后也要及时清理，防止机身锈蚀。

八是播后剩余种子要妥善处理，严禁食用，以防人畜中毒。

九是用完后要妥善保管，对于那些备用件、易损件、易丢件及其随机所带的专用工具等要妥善保管。

十是应将播种机放置在干燥的棚内，不要与一些化肥、农药或碱酸等腐蚀性较强的化学物品放置在一起。

（四）播种机的拆装与修理

1.播种机的拆装

（1）装配技术要求。

① 机架不应有变形，不得有断裂。拉筋应拧紧，左右梁偏差不得超过5毫米。

② 地轮轮缘的径向和轴向摆差不得超过10毫米，辐条不得松动和断裂。地轮轴向间隙不得超过2毫米。

③ 牵引或悬挂连接板不许有扭曲和裂缝。

④ 种子箱不应有裂缝，内壁和箱底要平滑，并牢固地安在机架上，不得有晃动和倾斜。

⑤ 排种轮完整，边缘不得有损坏。

⑥ 各排种轮之间距离应一致。

⑦ 排种轮轴不得有变形。

⑧ 播量调节器的杠杆（螺母）应能灵活移动，不应发生滑动空移现象。杠杆（螺母）不论置于什么位置，各排种轮（排肥轮）的工作长度均应相等，其偏差不大于1毫米。

⑨ 排种盒与种箱接触处间隙不得大于1毫米。

⑩ 输种管不应有裂纹。

⑪ 链轮（齿轮）传动的两个链轮（齿轮），应位于同一平面内，偏差不超过规定值。齿轮啮合间隙在2～3毫米，链条下垂度不大于20毫米。

⑫ 开沟器刃口厚度不大于1毫米。圆盘径向磨损量不大于25毫米。

⑬ 开沟器之间间距要相等，其偏差不应超过5毫米。圆盘开沟器两个圆盘接触间隙不得大于3毫米。

（2）拆装方法。

拆卸。① 拆下开沟器总成，卸下输种管。② 用支架垫起机架，卸下行走轮和种肥箱。③ 拆下传动机构。④ 拆下起落装置、踏板及座位。⑤ 拆下牵引装置。⑥ 总成解体。

组装。将部件组装为总成后，按下列步骤组装。① 用支架支起机架，装上播种机种肥箱及行走轮。② 安装传动机构。③ 装上开沟器总成。④ 安装起落装置、踏板及座位。⑤ 最后安装牵引架和划印器。

（3）拆装要点。

① 拆装行走轮时，应注意销钉和顶丝的拆装，以保证半轴的安全。

② 要根据拖拉机的牵引点高度来安装播种机的牵引板。

③注意划印器的左、右安装。

④刮种器的安装间隙应合理，以保证排种的可靠性。

2.播种机的修理

（1）机架变形或断裂的修理。变形采用冷矫正修复，断裂可用加强筋及焊补修复。

（2）行走轮变形断裂或辐条脱落的修理。可加热矫正，焊加强筋，辐条脱落可以焊牢。

（3）开沟器圆盘和芯铧式铲刃口磨钝和缺口的修理。可用车床或砂轮磨锐到标准尺寸，焊补后磨修到规定标准。

（4）输种管的拉长或曲折的修理。用木槌敲打矫直扭弯的输种管。可将拉长的卷片或输种管压缩到原状后，用铁丝固定住，再进行淬火即可复原。

（5）链条磨损后的修理。将磨损后的链节用样板分为6.5毫米、5.5毫米和4.5毫米，环部直径小于4.5毫米就应报废。再将链节放在专用设备上将其压弯，经过试运转后使用。

3.修后调试

（1）播种量的播前和田间试验校正调试。

（2）行距的调整试验。如果排种器是单数，必须从中点往两边安装，按所要求的行距安排。

（3）播种深度的调整。

（4）划印器的调试。

（5）播幅的调试。

（6）牵引点和左右水平的调试。

（7）排肥量的调试。

（五）播种机常见故障与排除

1.播种机不排种

（1）排种器轴不转，按传动路线检查各传动零件情况。

（2）个别排种口堵塞，清除排种口中杂物。

（3）气力式播种机风扇不转或转数不够，真空管路压扁或堵塞。修理或更换风扇，按适当速度操纵动力输出轴，修理或更换真空管路。

2.播种量忽大忽小

（1）播量调节手柄没固定紧，排种槽轮工作长度来回窜动。固定紧播量调节手柄。

（2）窝眼轮或盘式排种器的刮种舌磨损，或卡制不起作用，使播种量增加；排种口或窝眼阻塞，投种器磨损或不起作用，速度过高，均可使播种量下降。分别予以调整、更换和变速。

（3）气吸式的排种盘不平、排种盘装反、排种盘松脱、气流压力降低或真空故障，使播种量降低，分别予以排除。

3.某一个排种器（或播种单元）不排种

（1）外槽轮排种器的排种口处有可能被杂物堵塞，要清除杂物；排种轮和排种轴装配处没有销子，造成槽轮在轴上滑转，要补装销子，并拧紧槽轮卡箍。

（2）排种单元上的传动链条断裂；轴销被剪断，有可能排种器排种部件卡住，致使阻力骤增。要检查润滑情况、同心度、杂物堵塞等，消除后换用新链或新销。

（3）开沟器或输种管下部堵塞或输种管没插入开沟器体内，清除堵塞物，重新插入。

（4）种子箱播空或箱内种子架空。加满种子或消除架空。

（5）气吸式的刮种器位置不当，滚筒式的种刷离滚筒太近，磨盘排种口有杂物堵塞，分别进行调整和排除。

4.播种量比规定的少

（1）行走轮滑移。若因土壤原因，可适当增加播种量。若因传动阻力大，应按传动路线检查传动零件技术状态，润滑传动轴承。

（2）种子拌药或包衣以后流动性差，可适当增加播种量。

（3）种子太脏，排种器被泥沙杂物堵塞。清除种子中杂物，选用清洁干净的种子。

5.种子的株（穴）距不正常

（1）播种时行驶太快，应按规定的速度行驶。

（2）传动轮打滑，应重新调整改变轮胎的压力。

（3）轮胎压力不对，应达到要求的气压。

（4）链轮速比不对，更换选用正确链轮。

（5）排种盘的孔数不对，应选择正确的排种盘。

6.穴盘成穴性变差

（1）播种机行驶速度过高，应适当控制行驶速度。

（2）刮种器或投种器磨损严重失效，弹簧压力不够，安装位置不当，应重新更换或调节。

（3）护种装置磨损不起作用，重新更换。

7.种子的破碎率增加

（1）刮种器失灵或压力调整不当，应更换或调节。

（2）护种装置失效，重新调整或更换。

（3）排种轮或排种盘选择不对，更换与种子尺寸相适应的排种盘。

（4）槽轮排种舌的固定位置不对，应重新调整排种舌的固定位置。

8. 输种管堵塞不流种

（1）输种管变形或塞有杂物。校正变形的输种管，清除管内的杂物。

（2）开沟器口堵塞，清除开沟器口的堵土。

9. 工作中排种器不排种

（1）传动链条断裂，应更换新链节或链条。

（2）离合器没有接合上，可能是离合弹簧压力不够或滑动套在轴上卡滞住。加大弹簧压力，或在键上浇些机油加以润滑。

（3）链轮顶丝松动，箱壁上传动轴头处开口销丢失或被剪断。紧固顶丝或换新销。

10. 播种深度不够

（1）机架与牵引点连接过高，应拆下机架前支撑杆，调整深浅手轮，相应调整尾轮。

（2）开沟器弹簧压力不足，应将开沟器弹簧定位销往上调1~2孔。

（3）开沟器拉杆变形，校正变形的拉杆。

（4）开沟器拉杆或升降臂螺钉松动，应紧固松动的螺钉。

（5）受拖拉机轮辙影响。将与拖拉机轮相对的开沟器弹簧定位销上调1~2孔，增加弹簧压力。

（6）地表太硬，杂草残茬太多。设法提高整地质量。

11. 牵引式播种机在一次起落过程中，某一半开沟器升不起来

（1）自动器杠杆弹簧丢失或弹力失效，更换新的弹簧。

（2）自动器杠杆和自动器盘面因杂物挤住，使杠杆不能恢复原位，将杂物清除即可。

12. 传动链条跳齿或链条拉断

（1）链条过松或挂反，应调整链条。

（2）链环有旧伤裂纹，应更换拆断的链条。

（3）排种器产生故障，应清除排种器的杂物。

（4）传动轴和轴承缺油卡住，应排除后加油润滑。

（5）传动齿轮齿隙过小楔紧，重新调整齿隙。

13. 开沟器圆盘不转或推土

土地过湿或开沟过深，以致湿土或大土块进入开沟器圆盘中间。及时清除湿土或大土块，将播深调浅些。

14. 某一行不排肥料

（1）排肥星轮的销子脱出或被剪断，重新更换。

（2）排肥轴扭断，星轮轴或振动拖肥器的振动凸轮销扭断，应重新更换。

（3）排肥箱内该处肥料架空，消除架空。

（4）进肥口或排肥口堵塞，输肥管堵塞。清除堵塞物，检查肥料里是否有杂物和大的结块，清除杂物、粉碎结块。

15. 覆土不严或覆土过多

（1）覆土器安装角度不当，弹簧或配重选择不当。调整安装角，选择合适的弹簧和配重。

（2）覆土板的开口过大或过小，应调整覆土板的开口。

16. 开沟器在工作中易出现的故障

（1）开器转动不灵或有噪声，则是导种板或刮土板没装正，与圆盘干磨，或滚珠轴承破裂，应重新调整安装或更换滚珠轴承。

（2）开沟器被泥土堵塞。由于土壤过湿、开沟过深或停车中降落开沟器，开沟器降落后倒车等原因造成。将开沟器中的泥土清除；避免开沟器或播种机未提升就倒车，应保证在机组行进中降落开沟器或播种机。

（3）开沟深度不稳定。原因是整地不良、土块太多，或是开沟器的入土角过大或过小。将土壤整细创造良好的苗床，调整开沟器入土角，使之符合规定要求。

（4）开沟普遍过深或过浅。原因是开沟器弹簧压力或配重不当，或限深装置调整不当，或机架前后不平。按要求重新调整。

（5）各行播深不一致。原因有机架前后不水平，使前后列开沟器开沟深度不一致。调整牵引点的高低或中央拉杆的长度，使机架前后水平；弹簧压力不一致，"山形销"没有处在同一高度的孔内，应调整一致。

（6）个别开沟器处于驱动轮压实后的地面上工作时，这行开沟器会变浅，要相应调整该行压缩弹簧的长度（压力）或增加配重。

（7）地面不平或机架左右不平，造成左右开沟器深浅不一致。调节拖拉机下悬挂臂吊杆长度，使机架左右水平。

17. 各土壤工作部件（如开沟器、覆土器及镇压轮等）粘泥、缠草、壅土堵塞

（1）土壤湿度过大，应控制播种土壤湿度。

（2）整地条件不好，地里杂草、根茬、土块过多。严重时应停车，清除各部件上缠草和堵塞的泥土、根茬。镇压轮在黏结土块杂物严重时，可拆下不用。

二、水稻盘育秧播种机

（一）水稻盘育秧播种机的组成和工作过程

1.组成

水稻盘育秧播种机主要由播种总成、覆土总成、传动系统以及机架等组成，其结构如图2-3所示。

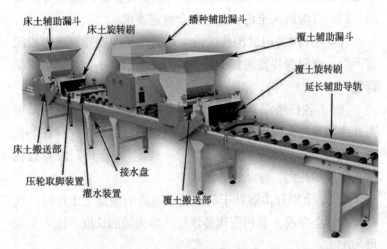

图2-3　水稻盘育秧播种机结构

2.工作过程

工作时，它的动力由电机提供，在没有电源的条件下，可通过人工手摇作为动力。动力经传动系统传动播种轴，并带动播种轮转动，再经离合器传动覆土轴，带动覆土轮转动。秧盘通过机架上的滚轮在机架上移动，先后经过播种装置、覆土装置，一次完成播种、覆土作业。

（二）技术规格

2BX-580水稻盘育秧播种机技术参数见表2-1。

表2-1　2BX-580水稻盘育秧播种机技术参数

型号		2BX-580
机体尺寸	全长	5 920毫米
	全宽	500毫米
	全高	1 150毫米
重量		175千克
动力	搬送	120瓦/220伏
	播种	120瓦/220伏
漏斗容量	床土	52升
	播种	32升
	覆土	52升
灌水量		0.5～1.4升/盘
播种量的调节		切换链齿轮及通过调节变速
播种量（催芽）		50～200克/盘
床土量		2.4～4.0升/盘（15～25毫米/厚）
覆土量		0.8～1.5升/盘（5～9毫米/厚）
土地平整方法		旋转刷压轮取角装置
效率（50赫）		>580盘/小时

（三）机器装配要求

1. 整机的安装要求

播种作业季节前，要安装调试好播种机。组装调试的要求如下。

（1）先装配好机架，调节支撑螺钉，保证机架横梁纵、横方向均水平，最后锁定支撑螺钉。

（2）将播种部分、覆土部分分别安装到机架上，调整固定螺钉，张紧播种部分的链条、覆土部分的皮带，并保证链条和皮带的运动在同一平面内。

2. 其他部件的安装要求

（1）电机的安装。将电机和罩壳一起安装到机架上。调整电机链轮固定螺丝和传动轴链轮的固定螺钉，保证链条在同一平面内运动。调整电机的固定螺钉，使电机与传动系统的链条处于适宜的张紧状态。

（2）手柄的安装。在没有电源的条件下，可通过手柄进行人工手动作业。

（3）接种盒的安装。接种盒插入两侧板导槽，然后安装防溅挡板。接种盒用于盛接毛刷刷出的秕谷种、枝梗等以及多余的种子，接种盒中有2/3杂物时即应清除。

（4）接种筐的安装。将接种筐从种箱下方的一侧插入使用。接种筐用于盛接排种轮排出的多余种子，该种子可倒入种箱内继续使用。

（四）作业准备和作业调整

1. 操作前的准备

应放置在平坦的场地上进行播种作业，当机体不平衡时，可通过调节机架底部的4个支撑螺钉来实现机架的平衡。

2.秧盘导板的调节

当秧盘通过不畅的时候，调节秧盘导板旋钮，使秧盘尽可能从机架中间通过，以减少阻力。

3.播种量的调节

（1）播种量的调节主要是通过链轮组合来进行的。播种机共设有3组链轮，一组为19～21齿，一组为27～33齿，还有一组为单个链轮22齿，可以组合成11个挡位播种量。

（2）需对播量进行微量调节时，可对圆柱形毛刷的位置进行上下调节，出厂时位置设定在标准挡。

调整时先将外壳拆下，找到如图2-4所示区域。圆柱形毛刷轴左右相同的位置上设有轴承板。松开左右轴承板上的螺栓，按图示的3个位置进行调节。调节到需要的位置后，拧紧调节螺栓。观察口位置在图2-4①时，播量减少5%～10%；观察口位置在图2-4②时，播量为标准播量；观察口位置在图2-4③时，播量增加10%左右。

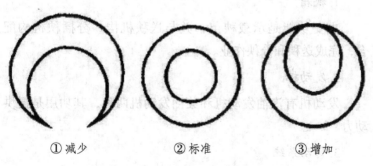

①减少　　　　②标准　　　　③增加

图2-4　圆柱形毛刷位置观察口示意

（五）作业后的维修保养

1. 班保养

每班作业后应按使用说明书的要求对播种机各部分进行清理、检查，及时保养调整。清洗机架和输送滚子上的泥土杂物，对传动链、齿轮及轴承加注润滑油。

2. 维修、存放保养

播种期结束后应对各部分进行彻底清理，检查各工作部件的磨损，必要时更换；各传动件加注防锈油。保存时应将皮带保持松弛状态，避免皮带过度拉伸疲劳。机器应存放在干燥通风处，为防止灰尘，应盖上罩子。

三、水稻插秧机

（一）水稻插秧机的构造

无论是步行式、乘坐式或者高速插秧机，其主要由秧箱、发动机、传动系统、送秧机构、栽植机构、机架和浮体（船板）及行走装置等部分组成。

1. 秧箱

主要功能是承载秧苗，并与送秧机构、分插秧机构配合，完成送秧和分秧作业。

2. 发动机

发动机有汽油发动机和柴油发动机两种，其功用是提供动力。

3. 传动系统

将发动机动力传递到各工作部件，主要有两个方向：传向驱动地轮传送到传动箱，传动箱又将动力传递到送秧机构和分插机构。分插机构前级传动配有安全离合器，防止秧针取秧卡住时损坏工作部件。传动箱是传动系统中间环节，又是送秧机构的主要工作部件。传动箱中主动轴上有螺旋线槽（凸轮滑道），从动轴上固定着滑块，当主动轴转动时，滑块在螺旋线槽作用下横向送动，将主动轴的转动变成滑块和从动轴的移动，该轴的移动即是横向送秧的动力来源。

4. 送秧机构

送秧机构包括纵向送秧机构和横向送秧机构，其作用是按时、定量地把秧苗送到秧门处，使秧爪每次获得需要的秧苗。

（1）纵向送秧机构的送秧方向同机器行进方向一致，有重力送秧和强制送秧两种。重力送秧是利用压秧板和秧苗自身的重量，使秧苗随时贴靠在秧门处，常用于人力插秧机。

（2）横向送秧机构的送秧方向同机器行进方向垂直，都采用移动秧箱法，因而又称移箱机构。

5. 栽植机构

栽植机构（或称移栽机构）在插秧机上统称分插机构，是插秧机的主要工作部件之一，包括分插器和轨迹控制机构，在供秧机构（秧箱和送秧机构）的配合下，完成取秧、分秧和插秧的动作。分插器又称秧针，是直接进行分秧和插秧的零件，有钢针式（分离针）和梳齿式两种。钢针式分插器上还带有推秧器，用于秧苗插入泥土后，把秧迅速送出分离针，使秧苗插牢。轨迹控制机构的作用是控制分秧器，使其按一定的轨迹运动，完成所要求的分、插秧工作。目前多用曲柄摇杆机构，此外还有偏心齿轮行星系机构（配置高速插秧机上），其栽植臂的结构、功能和原理大致相同。

6. 机架

机架是插秧机各部件和机构安装的基础，要求刚性好、重量轻。按机架与船板连接方式可分为整体式和铰接式两种：整体式是用插深调节器调整插深后，把机架和船板锁定；铰接式是机架和船板仅靠插锁连接，在作业过程中插秧深度随泥脚深浅而变化。

7. 行走装置

插秧机的行走装置由行走轮和船体两部分组成。常用的行走装置（除船体外）分为四轮、二轮和独轮3种。所用的行走轮都具备以下3个性质：即泥水中有较好的驱动性，轮圈上附加加力板；轮圈和加力板不易挂泥；具有良好的转向性能。四轮行走装置的转向是由前轮引导的，二轮行走装置由每个轮子的离合制动作用来完成转向。

（二）水稻插秧机的田间作业

以手扶式水稻插秧机为例介绍。

1. 作业前再次检查、调整

将插秧机运送至田边，作业前还需再次检查、调整，以免作业时出现故障。

（1）压苗器的纵向栅条与秧块的上表面之间的标准间隙为-2～+3毫米。当间隙不对时，松开压苗器的碟形固定螺栓，前后调整压苗器，使之达到标准要求，并使左右的间隙相同。

（2）秧针和秧门侧面的标准间隙要≥1毫米。当间隙不对时，可以通过松开苗箱支架和苗箱移动滑杆的夹紧螺栓，左右移动苗箱进行调整，并使左右两侧的间隙一致；也可以通过增、减或更换秧爪连接轴上的"C"形垫片来调整。

（3）穴距调整。水稻插秧机的行距大多数为30毫米且是固定的。农户会根据田块的肥力、水稻的品种和插秧时间的不同，要求机手调整穴距，以适应当地的农艺。一般情况下穴距调节手柄放在中间位置（84厘米），穴距控制在13.1厘米左右。

（4）插秧深度的调整。根据农艺要求，插秧机的插秧深度应达到不漂不倒，越浅越好，栽插深度控制在1.5厘米以内。一般情况下，通过调整插深调节手柄的位置（4个位置）可以改变插秧机的插秧深度，往上为浅，往下则深。还可以通过调整浮板后支架上6个插孔的位置来辅助调节插深。

（5）穴株数的调整。水稻品种不同，穴株数也不同。一般品种每穴2～5株比较合适。可以通过调节纵向取秧量和横向取苗量来改变秧针的取秧量，即改变取秧土块面积的大小，从而改变每穴的株数。

2. 插秧机田间作业注意事项

机器经检查完好后，按空车试运转的方式启动发动机，操作液压手柄，升起插秧机，将变速手柄扳到插秧位置，合上主离合器，驶入田中。分离主离合器停车，操作液压手柄，使插秧机下降。根据秧苗、田块的情况，按当地农艺要求预设纵向取苗量、横向取苗次数、穴距、插秧深度。

为进出田块方便，降低人工补栽量，应预先考虑好插秧机作业的行走路线，确定田埂周围的插秧方法。以下两个方案可供选择。

（1）插秧时首先在田埂周围留有4行宽的余地。

（2）第一行直接靠田埂插秧，其他三边田埂留有4、8行宽的余地。

作业前应确认的事项。

① 弄清大田形状，确定插秧方向。

② 开始作业的第一个4行是以后每个4行的插秧基准，要尽量保持插秧机直线行走。在插秧第一个4行时最好在田边拉一根绳，作为第一个4行的基准。

③ 试插几穴后，要根据土壤的软硬程度和农艺要求作相应的调整。

④ 插秧作业应注意事项：变速手柄要在"插秧"行走挡位上；液压操作手柄要在"下降"位置上；插秧离合手柄要在"连接"位置上；侧对行器要打开；主离合器手柄要在"连接"位置上。慢慢转动油门手柄，插秧机的工作效率将发生变化，以便找到与机手行走速度相适应的作业效率。

⑤ 安全离合器是插植臂工作的过载保护装置，如果插植臂停止，安全离合器连续发出"咔"的声音，说明安全离合器在打滑，这时应采取措施：迅速切断主离合器手柄；熄灭发动机；检查秧门与秧针间、插植臂与浮板间是否有石子、铁丝等异物，并及时清除。如果秧针变形，要及时整形或更换；如果不是插植臂的故障，应检查其他传动部分。排除故障后要先通过拉动反冲式启动器，确认秧针旋转自如后，再次清除秧门处未插下的散乱秧苗，才能启动发动机，重新作业。

⑥ 插秧机在田间作业时应尽量少用倒挡。插秧机不能长距离倒退行走，否则会引起行走轮裹泥、下陷、打滑。

给插秧机添加秧苗。当插秧机开始作业或苗箱秧苗即将用完时都要添加秧苗。通常情况下，一亩大田需要20~25盘秧苗。首次装秧时，应将苗箱移到最左或者最右侧后，再装秧，否则会造成插植臂取秧混乱、取苗口堵塞、漏插，甚至机器损坏。放置秧苗时，要使秧块紧贴苗箱，不得翘出、拱起，同时调整好压苗器、锁紧。补给秧苗应在秧苗到达秧苗补给位置之前进行。若作业中苗箱上有一行没有秧苗时，应按首次装秧要求，重新补给秧苗。

为保证作业质量，不出现空挡、压苗的现象，插秧机在作业时要正确使用插秧机上的划印器和侧对行器。插秧时把侧浮板前上方的侧对行器对准已插好的秧苗行，并调整好行距（30厘米）。

（三）水稻插秧机故障形成原因与诊断

1. 水稻插秧机故障表现

水稻插秧机的某一部件、总成或整机技术状态变坏，直接影响整机的正常工作，即说明发生了故障。水稻插秧机的各种故障总是通过一定的征象（或称形态）表现出来的，一般具有可听、可见、可嗅、可触摸、可测量的性质。这些征象表现在以下几个方面。

（1）声音反常。

声音是由物体振动发出的。因此，水稻插秧机工作时发出的规律的响声是一种正常现象，但当水稻插秧机发出各种异常响声（如敲击、排气管放炮声、爆震和摩擦噪声）时，即说明声音反常。

（2）温度反常。

水稻插秧机正常工作时，发动机的冷却水、机油，变速器的润滑油，液压系统的液压油等温度均应保持在规定范围内。当温度超过一定限度（如水温或油温超过95℃，与润滑部位相对应的壳体表面油漆变色、冒烟等）而引起过热时，即说明温度反常。

（3）外观反常。

即水稻插秧机工作时凭肉眼可观察到的各种异常现象。例如，冒黑烟、白烟、蓝烟，漏气、漏水、漏油，零件松脱、丢失、错位、变形、破损等。

（4）气味反常。

发动机燃烧不完全、摩擦片过热或导线短路时，会发出刺鼻的烟味或烧焦味，此时即表明气味反常。

（5）消耗反常。

水稻插秧机的主燃油、润滑油、冷却水和电解液等过量的消耗，或油面、液面高度反常变化，均称为消耗反常。

（6）作用反常。

水稻插秧机的各个系统分别起着不同的作用，各系统的作用均正常时，整机才能正常工作。当某系统工作能力下降或丧失，使水稻插秧机不能正常工作时，即说明该系统作用反常。例如，启动机不转、发动机功率不足、机油压力过低、离合器分离不清、变速箱挂挡或脱挡困难、液压升降失灵、漏插、漂秧等。

以上几种反常现象，常常相互联系，作为某种故障的征象，先后或同时出现。只要稍稍留心，上述故障症状都是易于察觉的，但成因却是复杂的，又往往是重大故障的先兆，所以遇到上述情况时，要及时处理。

2.水稻插秧机故障形成原因

水稻插秧机在使用过程中由于技术状态恶化而发生故障，一方面是必然的自然现象，经过主观努力可以减轻，但不能完全防止；另一方面则是由于使用维护不当而造成的。因此，只有深入地了解水稻插秧机故障形成的原因，才能设法减少水稻插秧机故障的发生。

（1）设计制造上的缺陷或薄弱环节。

新型水稻插秧机设计结构的改进，制造时新工艺、新技术和新材料的采用，加工装配质量的改善，使水稻插秧机的性能和质量有了很大的提高，也的确减少了新机在一定作业里程内的故障率。但由于水稻插秧机结构复杂，各总成、组合件、零部件的工作情况差异很大，不可能完全适应各种运行条件，使用中就会暴露出某些薄弱环节。

（2）配件制造的质量问题。

随着水稻插秧机配件消耗量的日趋增长，配件制造厂家也越来越多。但由于它们的设备条件、技术水平、经营管理各有不同，配件质量就很不一致。尽管配件的质量正在改善提高，但这仍然是分析、判断故障时不能忽视的因素。

（3）燃料、润料品质的影响。

合理选用水稻插秧机燃料、润料是水稻插秧机正常行驶的必要条件。由于水稻插秧机的田间使用条件十分恶劣，所以对润滑条件要求较为严格。如果润滑油（脂）等不合格，就会影响正常润滑，使零件磨损加剧。因此，使用不符合水稻插秧机规定的燃料、润料，也是故障的一个成因。例如，柴油发动机在冬季选用凝固点高的柴油，是供油系统发生故障和柴油机不能启动的主要原因；柴油机不采用专用柴油机机油，是发动机早期磨损的因素等。

（4）田间条件的影响。

水稻插秧机在不同的水田作业时，其传动系统、行走系统、制动系统、送秧机构和栽植机构等均会受到水田泥土的浸入，使其内部润滑不良，增加零件磨损，引起有关部位的故障。若经常在山区小田块作业，地头转弯频繁，使传动、制动部分工况的变动次数多、幅度大，往往导致早期损坏。

（5）管理、使用、保养不善。

因管理、使用保养不善而引起的故障占有相当比重。柴油发动机如使用未经滤清的柴油，新机或大修后的水稻插秧机不执行磨合规定，不进行磨合保养，田间作业不注意保持正常温度、装秧不合理或超载，等等，均是引起水稻插秧机早期损坏和故障发生的原因。

（6）安装、调整错乱。

水稻插秧机的某些零件（如齿轮室的齿轮、曲轴、飞轮，变速箱内的齿轮，空气滤清器和机油滤清器的滤芯及垫圈等）相互间只有严格按要求的位置记号安装，才能保证各系统正常工作。若装配记号错乱，位置装倒或遗漏了某个垫片、垫圈，便会因零件间的相对位置改变而造成各种故障。

水稻插秧机的各调整部位（如气门间隙、轴承间隙、阀门开启压力等），使用中必须按要求规范调整，才能保证各系统在规定的技术条件下工作。若调整不当，便会发生各种故障。

（7）零件由于磨损、腐蚀和疲劳而产生缺陷。

相互摩擦的零件（如活塞与缸套、曲轴轴颈与轴承等），在工作过程中，摩擦表面产生的尺寸、形状和表面质量的变化，叫做磨损。磨损不但改变了零件的尺寸形状和表面质量，还改变了零件的配合性质，有些零件的相对位置也会发生改变。在正常情况下，工作时间越长，零件因磨损而产生的缺陷越多，故障也会增多。由此可见，磨损是产生故障的一个重要根源。

腐蚀主要由金属和外部介质起了化学作用或电化学作用所造成，其结果使金属成分和性质发生了变化。水稻插秧机上常见的腐蚀现象是锈蚀、酸类或碱类的腐蚀及高温高压下的氧化穴蚀等。氧化主要是指橡胶、塑料类零部件由于受油类或光、热的作用而失去弹性、变脆、破裂。

零件在交变载荷的作用下，会产生微小的裂纹。这些裂纹逐渐加深和扩大，致使零件表面出现剥落、麻点或使整个零件折断，这种现象被称为疲劳损坏。水稻插秧机中的某些零件，主要就是因疲劳而损坏的，如齿轮、滚动轴承和轴类等。

由慢性原因（如磨损、疲劳等）引起的故障，一般是在较长时间内缓慢形成，其工作能力逐渐下降，不易立即察觉。由急性原因（如安装错误、堵塞等）引起的故障，往往是在很短时间内形成的，其工作能力很快或突然消失。

3.水稻插秧机故障诊断的基本方法

水稻插秧机故障诊断包括两个方面，即先用简便方法迅速将故障范围缩小，而后再确定故障区段内各部状态是好是坏，二者既有区别又相互联系。下面介绍几种常用的故障诊断方法。

（1）仪表法。

使用轻便的仪器、仪表，在不拆卸或少拆卸的情况下，比较准确地了解水稻插秧机内部状态好坏的方法，称为仪表法。

（2）隔除法。

部分地隔除或隔断某系统、某部件的工作，通过观察征象变化来确定故障范围的方法，称为隔除法。一般地，隔除、隔断某部位后，若故障征象立即消除，即说明故障发生在该处；若故障征象依然存在，说明故障在其他处。例如，某灯不亮时，可从蓄电池处引一根导线直接与灯相接，若灯亮，说明开关至灯的线路发生了故障。

（3）试探法。

对故障范围内的某些部位，通过试探性的排除或调整措施，来判别其是否正常的方法，称为试探法。进行试探性调整时，必须考虑到恢复原状的可能性，并确认不至因此而产生不良后果，还应避免同时进行几个部位或同一部位的几项试探性调整，以防止互相混淆，引起错觉。

（4）经验法。

主要凭操作者耳、眼、鼻、身等器官的感觉来确定各部技术状态好坏的方法，称为经验法。此方法对复杂故障诊断速度较慢，且诊断准确性受检修人员的技术水平和工作经验影响较大。常用的手段如下。

① 听诊。根据水稻插秧机运转时产生的声音特点（如音调、音量和变化的周期性等）来判断配合件技术状态的好坏，称为听诊；水稻插秧机正常工作时，发出的声音有其特殊的规律性。有经验的人，能从各部件工作时所发出的声音，大致辨别其工作是否正常，当听到不正常的声音时，会有异常的感觉。

② 观察。即用肉眼观察一切可见的现象，如运动部件运动有无异常、连接件有无松动，有无漏水、漏油、漏气现象，排气是否正常，各仪表读数、排气烟色、机油颜色是否正常等，以便及时发现问题。

③ 嗅闻。即通过嗅辨排气烟味或烧焦味等，及时发觉和判别某些部位的故障。这种方法对判断水稻插秧机的电气系统

短路和离合器摩擦衬片烧蚀特别有效。

④ 触摸。即用手触摸或扳动机件，凭手的感觉来判断其工作温度或间隙等是否正常。负荷工作一段时间后，触摸各轴承相应部件的温度，可以发现是否过热。一般手感到机件发热时，温度在40℃左右；感到烫手但不能触摸几分钟，在50～60℃；若一触及就烫得不能忍受，则机件温度已达到80～90℃。

⑤ 比较法。

将怀疑有问题的零部件与正常工作的相同件对换，根据征象变化来判断其是否有故障的方法，称为比较法。

换件比较是在不能准确地判定各部技术状态的情况下所采取的措施。实际上，在各种诊断方法中都包含着一定的比较成分，而不急于换件比较。因此，应尽量减少盲目拆卸对换。

第三章
灌溉设备使用与维修

一、离心泵

（一）离心泵在开机前的准备

水泵开机前，操作人员要进行必要的检查，以确保水泵的安全运行。

1. 轴承检查

用手慢慢转动联轴器或带轮，观察水泵转动是否灵活、平稳，泵内有无杂物碰撞声，轴承运转是否正常，皮带松紧度是否合适等。如有异常，应进行必要的检修或调整。

2. 螺钉检查

检查所有螺栓、螺钉是否松动，必要时进行紧固。

3. 水泵检查

检查水泵转向是否正确。正常工作前可先开车检查，如转向相反，应及时停车。若以三相电机为动力，则任意换接两相接线的位置；如果是以柴油机为动力，则应检查皮带的接法是否正确。

4. 引水检查

需灌引水启动的水泵，应先灌引水。在灌引水时，用手转动联轴器或皮带轮，以排出叶轮内的空气。

5. 启动时关闭闸阀

离心泵应关闭闸阀启动，以减小启动负荷。启动后应及时打开闸阀。

（二）离心泵在使用中的安全

水泵在运行过程中要经常进行检查，操作人员要严守岗位，发现问题及时处理。

1. 检查各种仪表工作是否正常

如电流表、电压表、真空表、压力表等。若发现读数不正常或指针剧烈跳动，应及时查明原因，予以解决。

2. 经常检查轴承温度是否正常

一般情况下轴承温度不应超过60℃。通常以用手试感觉不烫为宜。轴承温度过高说明工作不正常，应及时停机检查。否则可能烧坏轴瓦，造成断轴或因热胀而咬死。

3. 检查填料松紧度

一般情况下，填料的松紧度以渗水每分钟12~35滴为宜。滴水太少，容易引起填料发热、变硬，加快泵轴和轴套的磨损；滴水太多说明填料过松，易使空气进入泵内，降低水泵的容积效率，甚至造成不出水。填料的松紧度可通过填料压盖螺钉来调节。

4. 检查异响

随时注意是否有异响、异常振动、出水减少等情况，一旦发现异常应立即停车检查，及时排除故障。

5. 水池水位水体维护

当进水池水位下降后，应随时注意进水管口淹没深度是否够用，防止进水口附近产生旋涡；经常清理拦污栅和进水池中漂浮物，以防堵塞进水口。

6. 闸阀关闭

停车前应先关闭出水管上的闸阀，以防发生倒流，损坏机具。

（三）离心泵的维护与保养

1. 轴承的维护

对于装有滑动轴承的新泵，运行100小时左右就应更换润滑油；以后每工作300~500小时换油一次。在使用较少的情况下，每半年也必须更换润滑油。滚动轴承一般每工作1 200~1 500小时应补充一次润滑油，每年彻底换油一次。

2. 清洁保养

每次停车后均应及时擦拭泵体及管路上的油渍，保持机具清洁。

3. 定期修理

在排灌季节结束后，要进行一次小修，将泵内及水管内的水放尽，以防发生锈蚀或冻坏。累积运行2 000小时以上进行一次大修。

（四）离心泵常见故障与排除

1.启动故障

（1）电机不能正常启动。

如果是电动机作为原动装置，首先用手拨动电机散热风扇，看转动是否灵活：如果灵活，可能为启动电容失效或容量减小，当更换相同值的启动电容；如果转不动，说明转子被卡死，当清洗铁锈后加润滑油（脂），或清除卡死转子的异物。

（2）水泵反向旋转。

此类情况多出现在第一次使用，此时应立即停机。若为电动机，应调换三相电源中任意两相，可使水泵旋转方向改变；若以柴油机为动力，则应考虑皮带的连接方式。

（3）离心泵转动后不出水。

若转动正常但不出水，可能的原因有：① 吸入口被杂物堵塞，应清除杂物后安装过滤装置；② 吸入管或仪表漏气，可能由焊缝漏气、管子有砂眼或裂缝、接合处垫圈密封不良等引起；③ 吸水高度过高，应将之降低；④ 叶轮发生气蚀；⑤ 注入泵的水量不够；⑥ 泵内有空气，排空方法为关闭泵出口调节阀，打开回路阀；⑦ 出水阻力太大，应检查水管长度或清洗出水管；⑧ 水泵转速不够，应增加水泵转速。

2.运转故障

（1）流量不足或停止。

可能的原因是：① 叶轮或进、出水管堵塞，应清洗叶轮或管路；② 密封环、叶轮磨损严重，应更换损坏的密封环或叶轮；③ 泵轴转速低于规定值，应把泵速调到规定值；④ 底阀开启程度不够或逆止阀堵塞，应打开底阀或停车清理逆止阀；⑤吸水管淹没深度不够，使泵内吸入空气；⑥吸水管漏气；⑦填料漏气；⑧密封环磨损，应更换新密封环或将叶轮车圆，并配以加厚的密封环；⑨叶轮磨损严重；⑩水中含沙量过大，应增加过滤设施或避免开机。

（2）声音异常或振动过大。

水泵在正常运行时，整个机组应平稳，声音应当正常。如果机组有杂音或异常振动，则往往是水泵故障的先兆，应立即停机检查，排除隐患。水泵机组振动的原因很复杂，从引发振动的起因来看，主要有机械、水力、电气等方面；从振动的机理来看，主要有加振力过大、刚度不足和共振等。其原因可能有以下几方面。

机械方面：①叶轮平衡未校准，当即刻校正；②泵轴与电动机轴不同心，当校正；③基础不坚固，臂路支架不牢，或地脚螺栓松动；④泵或电机的转子转动不平衡。

水力方面：①吸程过大，叶轮进口产生汽蚀；水流经过叶轮时在低压区出现气泡，到高压区气泡溃灭，产生撞击引起振动，此时应降低泵的安装高度；②泵在非设计点运行，流量过大或过小，会引起泵的压力变化或压力脉动；③泵吸入异物，堵塞或损坏叶轮，应停机清理；④进水池形状不合理，尤其是当几台水泵并联运行时，进水管路布置不当，出现漩涡使水泵吸入条件变坏。共振引起的振动，主要是转子的固有频率和水泵的转速一致时产生，应针对以上故障原因，作出判断后采取相应的办法解决。

（3）轴承过热。

运行时，如果轴承烫手，应从以下几方面排查原因并进行处理：①润滑油量不足，或油循环不良；②润滑油质量差，杂质使轴承锈蚀、磨损和转动不灵活；③ 轴承磨损严重；④ 泵与电机不同心；⑤ 轴承内圈与泵轴轴颈配合太松或太紧；⑥ 用皮带传动时皮带太紧；⑦ 受轴向推力太大，应逐一进行叶轮上平衡孔的疏通。

（4）泵耗用功率过大。

泵运行过程若出现电流表读数超常、电机发热，则有可能是泵超功率运行，可能的原因：① 泵内转动部分发生磨擦，如叶轮与密封环、叶轮与壳体；② 泵转速过高；③ 输送液体的比重或黏度超过设计值；④ 填料压得过紧或填料函体内不进水；⑤ 轴承磨损或损坏；⑥ 轴弯曲或轴线偏移；⑦ 泵运行偏离设计点并在大流量下运行。

二、潜水电泵

（一）潜水电泵在使用前的准备工作

1. 检查电缆线有无破裂、折断现象

因为电泵的电缆线要浸入水下工作，若有破裂折断极易造成触电事故。有时电缆线外观并无破裂或折断现象，也有可能因拉伸或重压造成电缆芯线折断，此时若投入使用，则极易造成两相制动现象，如果不能及时发现，极易烧坏电动机。所以，在使用前既要从外观认真检查，又要用万用电表检查电缆线是否通路。

2. 用兆欧表检查电泵的绝缘电阻

电动机绕组相对机壳的绝缘电阻不得小于1兆欧。

3. 检查是否漏油

潜水电泵漏油的途径是电缆接线处、密封室加油螺钉处

的密封及密封处的O形环。检查时，首先要确定是否真漏油。造成漏油的原因多是加油螺钉没旋紧、螺钉下面的耐油橡胶垫损坏或者O形密封环失效。

4. 搬运时注意事项

搬运潜水电泵时应轻拿轻放，避免碰撞，防止损坏零部件。不得用力拉电缆，以防止磨破等。

5. 潜水电泵必须与保护开关配套使用

由于潜水电泵的工作条件复杂，流道杂物堵塞、两相运转、低电压运转等经常会遇到，若没有保护开关，很容易发生电机绕组烧坏问题。若确实不能解决保护开关问题，则应在三相闸刀开关处装以电机额定电流2倍的熔断丝，绝对不能用铅丝甚至铜丝代替。

6. 要有可靠的接地措施

对于三相四线制电源而言，只要将电泵的接地线与电源的零线连接好即可。如果电源无零线则应在电泵附近的潮湿地上埋入深1.5米以上的金属棒作地线，使之与电泵上的接地线可靠地连接。

7. 停用时的保养

长期停用的潜水电泵再次使用前，应拆开最上一级泵壳，转动叶轮数周，防止因锈死不能启动而烧坏绕组。

（二）潜水电泵在使用中应注意的事项

1. 电源切断

在检查电泵时必须切断电源。

2.安装时的水深

安装潜水电泵时泵深一般为0.5～3米，视水深及水面变动情况而定。水面较大，抽水时水面高度变化不大，可适当浅些，以1米左右为佳。水面不大而较深，工作时水面下降较多则可适当深些，但一般不要超过3～4米。太深了容易使机械密封损坏，且增加了水管长度。

3.工作时注意事项

潜水电泵工作时不要在附近洗涤物品、游泳或放牲畜下水，以免漏电发生触电事故。

4.通电

潜水电泵安装完毕后应通电观察出水情况。若出水量小或不出水则可能是转向有误，应任意调换两相接线头。

5.开关频次

潜水电泵不宜频繁开关，否则将影响使用寿命。原因首先是电泵停机时管路内的水产生回流，若立即启动则电泵负载过重并承受冲击载荷；其次是频繁开关易使承受冲击载荷小的零部件损坏。

6.防污措施

在杂草、杂物较多的地方使用潜水电泵时，外面要用大竹篮、铁丝网罩或建拦污栅作保护，防止杂物堵住潜水电泵的格栅网孔。

（三）潜水电泵的维护与保养

1.及时更换密封盒

如果发现漏入电泵内部的水较多（正常泄漏量为每昼夜

2毫升），就应当更换密封盒，同时测量电机绕组的绝缘电阻。若绝缘电阻值小于0.5兆欧，必须进行干燥处理。更换密封盒时应注意外径及轴孔中"O"形密封环的完整性，以免水大量漏入潜水泵的内部而损坏电机绕组。

2. 定期换油

潜水电泵每工作1 000小时应调换一次密封室内的油，每年调换一次电动机内部的油。对充水式潜水电泵还需定期更换上下端盖、轴承室内的骨架油封和锂基润滑脂，确保良好的润滑状态。对带有机械密封的小型潜水电泵，必须经常打开密封室加油，螺孔加满润滑油，使机械密封处于良好的润滑状态，以保证其工作寿命。

3. 保存潜水电泵

长期不用时不能任其浸泡水中，而应存放于干燥通风的库房中。对充水式潜水电泵应先清洗，除去污泥等杂物，才能存放。电缆存放时，应避免日光照射，以防老化裂纹，降低绝缘性能。

4. 及时进行防锈处理

使用一年以上的潜水电泵，应根据其锈蚀情况进行防锈处理，如涂防锈漆等。内部防锈可视泵型和腐蚀情况而定，内部充满油时则不会生锈。

5. 保养潜水电泵

潜水电泵每年应保养一次。保养时，拆开电机，对所有部件进行清洗、除垢除锈，及时更换磨损较大的零部件，更换密封室内及电动机内部的润滑油。若发现放出的润滑油油质混浊且含水量过多（超过50毫升），则需更换整体密封盒或动、静密封环。

6.气压试验

经过检修的电泵应以0.2兆帕的气压检查各零件止口配合面处"O"形密封环和机械密封的两道封面是否有漏气现象。若有漏气，则必须重新装配或更换漏气零部件。然后，分别在密封室和电动机内部加入润滑油。

（四）潜水电泵常见故障与排除

1.漏电

漏电是潜水泵最常见的故障，也是危害人身安全的最危险因素之一。故障现象为合上闸刀时，变压器配电房中的漏电保护器便跳闸（如果没有漏电保护器会相当危险，会造成电机烧坏）。这主要是由于潜水泵泵体内进水，造成潜水泵电机绕组的绝缘电阻降低，导致保护器动作。此时用摇表或万用表的$R \times 10k\Omega$挡，测电机绕组对外壳有一定的漏电阻。水泵长期使用，造成机械密封端面严重磨损，水由此渗入，浸湿电机绕组形成漏电。可将拆下的潜水泵电机放在烘房中，或用100~200瓦白炽灯泡烘干；测绝缘电阻无穷大，然后将机械密封换新，再将泵装好即可投入使用。

2.漏油

潜水泵漏油主要是由于密封盒磨损严重，造成密封盒油室漏油或出线盒处密封不良所致。密封盒油室漏油时，在进水节处可见油迹。在进水节处有一个加油孔，拧下螺丝，观察油室是否进水。若油室进水，则是密封不良，应更换密封盒，以防油室进水严重，渗入电机内。若潜水泵电缆根部有油化现象，属于电机内漏油。一般为密封胶塞密封不良或电机重绕后使用引线不合格造成的；有些是水泵接线板破裂造成的。检查确定后，换合格新品即可。并测量电机的绝缘程度，若绝缘不好应及时处理，同时将电机内的油换新。

3. 通电后叶轮不转

通电后水泵有嗡嗡的交流声，叶轮不转。切断电源，在进水口处拨动叶轮，若拨不动，说明转子被卡死。可拆开水泵检查，是否转子下端轴承滚珠破碎导致卡死转子；若能拨动叶轮，但通电后叶轮却不转，故障原因可能是轴承严重磨损，通电时定子产生的磁性将转子吸住而不能转动。更换轴承再组装水泵，拨动叶轮灵活，故障排除。

4. 水泵出水无力、流量小

取出水泵，检查转子转动灵活，通电转子能转。拆开水泵检查发现，水泵下端轴与轴承之间松动，且转子下移，因此转子转动无力，输出功率小。采用适当的垫圈垫在转子与轴承之间，使转子上移，安装试机，故障即可排除。

三、喷灌设备

喷灌是喷洒灌溉的简称，是指利用专门的设备（动力机、水泵、管道等）把水加压或利用水的自然落差将有压水送到灌溉地段，通过喷洒器（喷头）喷射到空中散成细小的水滴，均匀地散布在田间进行灌溉的方式。它是一种先进的节水灌水方法，是实现喷洒灌溉的工程设施。

（一）喷灌系统的组成

通常，喷灌系统由水源工程、水泵和动力机、管道系统、喷灌机及附属设备、附属工程组成。

1. 水源工程

喷灌系统与地面灌溉系统一样，首先要解决水源问题。常见水源有：河流、渠道、水库、塘坝、湖泊、机井、山泉。在整个生长季节，水源应有可靠的供水保证。喷灌对水源的要求是：水量满足要求，水质符合灌溉用水标准（农田灌溉水质标准GB 5084—92）。另外，在规划设计中，特别是山区或地形有较大变化时，应尽量利用水源的自然水头，进行自压喷灌，选取合适的地形和制高点修建水池，以控制较大的灌溉面积。在水量不够大、水质不符合条件的地区需要建设水源工程。水源工程的作用是通过它实现对水源的蓄积、沉淀和过滤作用。

2. 水泵和动力机

喷灌需要使用有压力的水才能进行喷洒。通常利用水泵将水提吸、增压、输送到各级管道及各个喷头中，并通过喷头喷洒出来。水泵要能满足喷灌所需的压力和流量要求。常用的卧式单级离心泵，扬程一般为30～90米。深井水源采用潜水电泵或射流式深井泵。如要求流量大而压力低，可采用效率高而扬程变化小的混流泵。移动式喷灌系统多采用自吸离心泵或设有自吸或充水装置的离心泵，有时也使用结构简单、体积小，自吸性能好的单螺杆泵。

常用的动力设备有：电动机、柴油机、小型拖拉机、汽油机。在有电的地区应尽量使用电动机，不方便供电的情况下只能采用柴油机、汽油机或拖拉机。对于轻小型喷灌机组，为了移动方便，通常采用喷灌专业自吸泵，而对于大型喷灌工程，通常采用分级加压的方式来降低系统的工作压力。

3. 管道系统

一般分干、支两级，还可以分为干、支、分支三级，管道上还需配备一定数量的管件和竖管。管道的作用是把经过水泵加压的或自压的灌溉水输送到田间，因此，管道系统要求能承受一定的压力和通过一定的流量。为了保护喷灌系统的安全运行，可根据需要在管网中安装必要的安全装置，如进排气阀、限压阀、泄水阀等。管网系统需要各种连接和控制的附属配件，包括闸阀、三通、弯头和其他接头等，在干管或支管的进水阀后可以连接施肥装置。

4. 喷灌机

喷灌机是自成体系，能独立在田间移动喷灌的机械。为了进行大面积喷灌就应当在田间布置供水系统给喷灌机供水，供水系统可以是明渠也可以是无压管道或有压管道。

喷灌机的主要组成部分是喷头。它的作用是将有压的集中水流喷射到空中，散成细小的水滴并均匀地散布在它所控制的灌溉面积上。按结构形式分类，喷头主要有旋转式、固定式、孔管式3类。

（1）旋转式喷头。

旋转式喷头又称为射流式喷头，是目前使用最普遍的一种喷头形式。一般由喷嘴、喷管、转动机构、扇形机构、弯头、空心轴和轴套等部分组成。其中，扇形机构和转动机构是旋转式喷头的最重要组成部分。因此，常根据转动机构的特点对旋转式喷头分类，常用的形式有摇臂式、叶轮式、齿轮式和反作用式等。

（2）固定式喷头。

喷灌过程中，所有部件固定不动，水流以全圆或扇形同时向四周散开，水流分散，射程小（5～10米）、喷灌强度大（15毫米/小时以上）、水滴细小，工作压力低。主要有折射式喷头、缝隙式喷头和离心式喷头3种。

（3）孔管式喷头。

孔管式喷头以小管作为灌水器，水滴的破碎主要是通过空气阻力和喷孔出的水压作用。该喷头由一根或几根较小直径的管子组成，在管子的顶部分布有一些小喷孔，喷水孔直径仅为1～2毫米。水流是朝一个方向喷出，并装有自动摇摆器。孔管式喷头工作压力为100～200千帕，喷洒面积小，喷灌强度大（可达50毫米/小时），水滴直径小，对作物叶面打击小，可实现局部灌溉。喷水带（微喷带）是孔管式喷头的一种，可分为单孔管、双孔管、多孔管。

孔管式喷头结构简单，成本较小，安装方便，技术要求相对其他喷头要低，同时喷头压力较低，容易实现和应用。但是水舌细小，受风影响大，由于工作压力低，支管上实际压力受地形起伏的影响较大，通常只能应用于比较平坦的土地。此外，孔口太小，堵塞问题也非常严重，因此使用范围受到很大的限制。

5. 附属工程、附属设备

喷灌工程中还用到一些附属工程和附属设备，如从河流、湖泊、渠道取水，则应设拦污设施；在灌溉季节结束后应排空管道中的水，需设泄水阀，以保证喷灌系统安全越冬；为观察喷灌系统的运行状况，在水泵进出水管路上应设置真空表、压力表和水表，在管道上还要设置必要的闸阀，以便配水和检修；考虑综合利用时，如喷洒农药和肥料，应在干管或支管上端设置调配和注入设备。

（二）喷灌系统的使用和维护

使用农田喷灌设备时，要根据灌溉的地形、灌溉面积的大小、作物的品种、不同生长期不同需水量等因素，合理选择喷灌机组和喷头，正确安装和调整，正确使用和保养动力机械和水泵，保证作业质量。

1. 管路系统的布置

布置管路系统时，一定要综合考虑现有水利系统、水源的位置、地势、地形、主要的风向、风速、作物的布局和耕作的方向等因素，在经济和技术上进行全面比较和权衡，选出最优方案。

（1）泵站。应布置在整个喷灌系统的中心，最好接近水源，以减少输水损失。

（2）干管。应尽量布置在灌区中央。在坡地应沿主坡方向，经常有风地区应沿主风向，埋入地下深度应超过60厘米。冻土层深的地方，埋入深度要相应增加。

（3）支管。支管应与干管垂直，尽量与耕作方向保持一致，在坡地上应沿等高线布置。支管的间距，应根据所选喷头的射程和配置方案确定。

（4）竖管。竖管应按喷头的组合形式布置，高度一般高出地面1.3～1.5米。如果作物过高、风力过大等，高度应适当变化。

2. 喷头的配置

喷头配置的位置直接影响到喷洒质量，配置时各喷头的喷洒面积与邻近喷头的喷洒面积必须有一定的重叠量，以防漏喷。喷洒方式一般采用全圆喷洒，其特点是喷头间距大，喷灌强度低；由于风力的影响、水土保持的要求、地边地角喷洒需要、移动机组的行走道路等因素，有时也采用扇形喷洒。定点喷灌的喷头配置组合原则是，保证喷洒不留空白，并有较高均匀度。常用的组合形式有四种：全圆喷洒正方形组合，支管间距、沿支管方向喷头间距均为喷头射程的1.42倍，有效控制面积为喷头射程平方的2倍；全圆喷洒正三角组合形，支管间距、沿支管方向喷头间距分别为喷头射程的1.5倍、1.73倍，有效控制面积为喷头射程平方的2.6倍；扇形喷洒矩形组合，支管间距、沿支管方向喷头间距分别为喷头射程的1.73倍、1倍，有效控制面积为喷头射程平方的1.73倍；扇形喷洒等腰三角形组合，支管间距、沿支管方向喷头间距分别为喷头射程的1.856倍、1倍，有效控制面积为喷头射程平方的1.856倍。从上面数据可以看出，全圆喷洒正方形和正三角形组合的有效控制面积最大，但是在风力影响下，往往不能保证喷灌的均匀性。所以，有时视风力的大小和对喷灌均匀性的要求也采用扇形喷洒矩形和等腰三角形组合。

3. 喷头的调节

（1）喷孔口径大小的调节。更换备用喷嘴可调节喷孔口径的大小，喷孔口径改变后，喷头的喷水量、水滴直径、射程均发生相应变化。因此，应根据喷头的工作压力和生产对水滴直径、射程的具体要求而调节喷孔口径的大小。

（2）喷枪旋转速度的调节。通过导流板的上、下位置和摇臂弹簧的扭紧程度可调节喷枪旋转速度的快慢。导流板吃水深度越大，摇臂弹簧扭力越大，摇臂对喷管的敲击力越大，旋转速度也越快。旋转速度过快，对射程影响较大；旋转速度过慢，易造成局部积水和产生径流。一般喷枪喷灌时的旋转速度应适中，在不产生径流的前提下，以旋转慢一些为好。

（3）扇面角大小及方位的调节。通过改变轴套上套装的两个限位销的位置，可以调节扇面角大小和方位，喷灌旋转的两个极限位置决定了扇面喷灌的方向和范围，实际生产中应依据作业地块的需要进行适当调节。

4.喷灌系统运行和维护要点

（1）启动前首先要检查干、支管道上的阀门是否都已关好，然后启动水泵，待水泵达到额定转数后，再缓慢地依次打开总阀和要喷灌的支管上的阀门。这样可以保证水泵在低负载下启动，避免超载，并可防止管道因水锤而引起震动。

（2）运行中要随时观测喷灌系统各部件的压力。为此，在干管的水泵出口处、干管的最高点和离水泵最远点，应分别装压力表；在支管上靠近干管的第一个喷头处、支管的最高点和最末一个喷头处，也应分别装压力表。要求干管的水力损失不应超过经济值；支管的压力降低幅度不得超过支管最高压力的20%。

（3）在运行中要随时观测喷嘴的喷灌强度是否适当，要求土壤表面不得产生径流或积水，否则说明喷灌强度过大，应及时降低工作压力或换用直径较小的喷嘴，以减小喷灌强度。

（4）运行中要随时观测灌水的均匀度，必要时应在喷洒面上均匀布置雨量筒，实际测算喷灌的组合均匀度。其值应大于或等于0.8。在多风地区，应尽可能在无风或风小时进行喷灌。若必须在有风时喷灌，则应减小各喷头间的距离，或采用顺风扇形喷洒，以尽量减小风力对喷灌均匀性的影响。在风力达三级时，则应停止喷灌。

（5）在运行中要严格遵守操作规程，注意安全，特别要防止水舌喷到带电线路上，并且应注意在移动管道时避开线路，以防发生漏电事故。

（6）要爱护设备，移动设备时要严格按照操作要求轻拿轻放。软管移动时要卷起来，不得在地上拖动。

（三）喷灌机常见故障与排除

1. 出水量不足

原因有：进水管滤网或自吸泵叶轮堵塞；扬程太高或转速太低；叶轮环口处漏水。

方法：应清除滤网或叶轮堵塞物；降低扬程或提高转速；更换环口处密封圈。

2. 输水管路漏水

原因有：快速接头密封圈磨损或裂纹；接头接触面上有污物。

方法：应更换密封圈；清除接头接触面污物。

3. 喷头不转

原因有：摇臂安装角度不对；摇臂安装高度不够；摇臂松动或摇臂弹簧太紧；流道堵塞或水压太小；空心轴与轴套间隙太小。

方法：应调整挡水板、导水板与水流中心线相对位置；调整摇臂调节螺钉；紧固压板螺钉或调整摇臂弹簧角度；清除流道中堵塞物或调整工作压力；打磨空心轴与轴套或更换空心轴与轴套。

4. 喷头工作不稳定

原因有：摇臂安装位置不对；摇臂弹簧调整不当或摇臂轴松动；换向器失灵或摇臂轴磨损严重；换向器摆块突起高度太低；换向器的摩擦力过大。

方法：应调整摇臂高度；调整摇臂弹簧或紧固摇臂轴；更换换向器弹簧或摇臂轴套；调整摆块高度；向摆块轴加注润滑油。

5.喷头射程小，喷洒不均匀

原因有：摇臂打击频率太高；摇臂高度不对；压力太小；流道堵塞。

方法：应调整摇臂弹簧；调整摇臂调节螺钉，改变摇臂吃水深度；调整工作压力；清除流道中堵塞物。

四、滴灌设备

（一）滴灌系统的组成

滴灌是通过安装在毛管上的滴头、孔口或滴灌带等灌水器，将水一滴一滴均匀而又缓慢地滴入作物根区附近土壤中的灌水形式。由于滴水流量小，水滴缓慢入土，因而在滴灌条件下除紧靠滴头下面的土壤水分处于饱和状态外，其他部位的土壤水分均处于非饱和状态，土壤水分主要借助毛管张力作用入渗和扩散。滴灌系统通常由水源工程、首部枢纽、输配水管网和灌水器四部分组成。

1.水源工程

河流、湖泊、塘堰、沟渠、井泉水等，只要水质符合滴灌要求，均可作为滴灌的水源。为了充分利用各种水源进行灌溉，往往需要修建引水、蓄水和提水工程，以及相应的输配电工程，这些通称为水源工程。

2.首部枢纽工程

首部枢纽是整个滴灌系统的驱动、检测和控制中枢，主要由水泵及动力机、过滤器等水质净化设备、施肥装置、控制阀门、进排气阀、压力表、流量计等设备组成。其作用是从水源中取水经加压过滤后输送到输水管网中去，并通过压力表、流量计等量测设备监测系统运行情况。

3. 输配水管网

输配水管网的作用是将首部枢纽处理过的水按照要求输送分配到每个灌水单元和灌水器，包括干、支管和毛管三级管道。毛管是滴灌系统末级管道，其上安装或连接灌水器。

4. 滴头

滴头是滴灌系统中最关键的部件，是直接向作物灌水的设备，其作用是消减压力，将水流变为水滴、细流或喷洒状施入土壤。按滴头的消能方式可分为以下几种。

（1）长流道型滴头。

长流道型滴头是靠水流与流道管壁之间的摩阻消能来调节出水量大小的。

（2）孔口型滴头。

孔口型滴头靠孔口出流造成的局部水头损失来消能调节出流量的大小。

（3）涡流型滴头。

涡流型滴头靠水流进入灌水器的涡室内形成的涡流来消能调节出水量的大小。水流进入涡室内，由于水流旋转产生的离心力迫使水流趋向涡室的边缘，在涡流中心产生一个低压区，使中心的出水口处压力较低，因而调节流量。

（4）压力补偿型滴头。

压力补偿型滴头是利用水流压力对滴头内的弹性体（片）

的作用，使流道（或孔口）形状改变或过水断面面积发生变化，即当压力减小时，增大过水断面面积；压力增大时，减小过水断面面积，从而使滴头出流量自动保持稳定，同时还具有自清洗功能。

（二）滴灌系统的田间布置

1. 毛管和滴头布置

滴头的布置形式取决于作物种类、种植方式、土壤类型、当地风速条件、降雨以及所选用的滴头类型，还须同时考虑施工、管理方便、对田间农作物的影响及经济因素等。

（1）条播密植作物。

大部分作物如棉花、玉米、蔬菜、甘蔗等均属于条播密植作物，需采用较高的湿润比，一般宜大于60%。毛管和滴头的用量相应较多。这时毛管顺作物行向布置，滴头均匀地布置在毛管上，滴头间距为0.3～1.0米，毛管有两种布置形式。① 每行作物一条毛管。当作物行间距超过1米和轻质土壤（一般为沙壤土、沙土）时，采用这种布置形式。② 每两行或多行作物一条毛管。当作物行间距较小（一般小于1米）时，宜考虑每两行作物布置一条毛管，当作物行间距小于0.3米时，宜考虑多行作物布置一条毛管。应当注意的是，土壤沙性较严重时，应考虑减小毛管间距。

（2）果园。

果树的种植间距变化较大，从0.5米×0.5米到6米×6米。因此毛管和滴头的布置方式也很多。① 一行果树布置一条毛管。当树形较小，土壤为中壤以上的土壤时，采用一行果树布置一条毛管比较适宜。滴头沿毛管的间距为0.5～1.0米，视土壤情况而定，一般要求能形成一条湿润带。这种布置方式节省毛管，而灌水器间距较小，系统投资低。在半干旱地区作为补充灌溉形式能够满足要求。② 一行果树布置两条毛管。当树行距较大（一般大于4米），土壤为中壤以上的土壤时，采用一行果树布置两条毛管形式较适宜。或当果树行距小于4米，但土壤沙性较严重时，可考虑一行果树布置两条毛管。在干旱地区，果树完全依赖灌溉时，受湿润区域的限制，根系发育也呈条带状，当风速较大时，宜采用这种布置方式。③ 曲折毛管和绕树毛管布置。当果树间距较大（一般大于5米）或在极干旱地区，也可考虑曲折毛管和绕树毛管布置形式。这种布置形式的优点在于，湿润面积近于圆形，与果树根系的自然分布一致。在成龄果园建设滴灌系统时，由于作物根系发育完善，可采用这种布置方式。④ 多出流口滴头。能够采用曲折毛管和绕树毛管的地方，也可采用多出流口滴头，或多个滴头用水管分流的布置方式。

2. 干、支管布置

干、支管的布置取决于地形、水源、作物分布和毛管的布置。其布置应达到管理方便、工程费用小的要求。在山丘地区，干管多沿山脊布置或沿等高线布置。支管则垂直于等高线，向两边的毛管配水。在平地，干、支管应尽量双向控制，两侧布置下级管道，可节省管材。

3. 首部枢纽布置

一个滴灌系统能否正常、方便安全地运行，发挥其效益，除了须十分谨慎地选用灌水器，还须更为谨慎地选择首部枢纽。须指出的是，所选首部枢纽，特别是过滤器是滴灌系统的关键所在，过滤器是否能够有效发挥作用，关系着灌水器是否能够正常运行。一旦过滤器出现故障，会在很短的时间内将成千上万只灌水器堵塞，造成滴灌系统报废。

（1）过滤器的选择。

选择过滤器主要考虑以下原则。① 过滤精度满足滴头对水质处理的要求。滴头供应商应该提供所供应的滴头对水质过滤精度的要求，设计者根据供应商所提供的要求选择适当精度的过滤器。② 应根据制造商所提供的清水条件下流量与水头损失关系曲线，选择合适的过滤器品种、尺寸和数量，使过滤器水头损失比较小，否则会增加系统压力，使运行费用增加。③ 储污能力强。除选用自清洗式过滤器外，在选择过滤器时应根据水源含杂质情况，选择不同级别、不同品种的过滤器，以免过滤器在很短时间内堵塞而频繁冲洗，使运行管理非常困难。一般要求过滤器清洗时间间隔不少于一个轮灌组运行时间。④ 耐腐性好，使用寿命长。塑料过滤器，要求外壳使用抗老化塑料制造。金属过滤器要求表面耐腐蚀不生锈。过滤芯材质宜为不锈钢，外壳可采用可靠的防腐材料喷涂。⑤ 运行操作方便可靠。对于自清洗式过滤器要求自清洗过程操作简便，自清洗能力强。对于人工清洗过滤器，要求滤芯取出、清洗和安装简便，方便运行。⑥ 安装方便。选用过滤器时，应选择能够配套供应各种连接管件的供应商，使施工安装简便易行。

（2）首部枢纽布置。

当水源距灌溉地块较近时，首部枢纽一般布置在泵站附近，以便运行管理。

（三）滴灌设备安装与调试

作物的生物学特征各异，栽培的株距、行距也不一样，为了达到灌溉均匀的目的，所要求滴灌带滴孔距离、规格、孔洞一样。通常滴孔距离15厘米、20厘米、30厘米、40厘米，常用的有20厘米、30厘米。这就要求滴灌设施实施过程中，需要考虑使用单条滴灌带端部首端和末端滴孔出水量均匀度相同且前后误差在10%以内的产品。在设计施工过程中，需要根据实际情况，选择合适规格的滴灌带，还要根据这种滴灌带的流量等技术参数，确定单条滴灌带的铺设最佳长度。

1. 滴灌设备安装

（1）灌水器选型。

大棚栽培作物一般选用内镶滴灌带，规格16毫米×200毫米或300毫米，壁厚可以根据农户投资需求选择0.2毫米、0.4毫米、0.6毫米，滴孔朝上，平整地铺在畦面的地膜下面。

（2）滴灌带数量。

可以根据作物种植要求和投资意愿，决定每畦铺设的条数，通常每畦至少铺设一条，两条最好。

（3）滴灌带安装。

棚头横管用25"，每棚一个总开关，每畦另外用旁通阀。在多雨季节，大棚中间和棚边土壤湿度不一样，可以通过旁通阀调节灌水量。

铺设滴灌带时，先从下方拉出。由一人控制，另一人拉滴灌带，当滴管带略长于畦面时，将其剪断并将末端折扎，防止异物进入。首部连接旁通或旁通阀，要求滴灌带用剪刀裁平，如果附近有滴头，则剪去不要，把螺旋螺帽往后退，把滴灌带平稳套进旁通阀的口部，适当摁住，再将螺帽往外拧紧即可。将滴灌带尾部折叠并用细绳扎住，打活结，以方便冲洗（采用堵头堵塞也可以，只是在使用过程中受水压泥沙等影响，不容易拧开冲洗，直接用线扎住方便简单）。

把支黑管连接总管，三通出口处安装球阀，配置阀门井或阀门箱保护。整体管网安装完成后，通水试压，冲出施工过程中留在管道内的杂物，调整缺陷处，然后关水，滴灌带上堵头，25"支管上堵头。

2. 滴灌设备使用技术

（1）滴灌带通水检查。

在滴灌受压出水时，正常滴孔的出水是呈滴水状的，如果有其他洞孔，出水是呈喷水状的，在膜下会有水柱冲击的响声，所以要巡查各处，检查是否有虫咬或其他机械性破洞，发现后及时修补。在滴灌带铺设前，一定要对畦面的地下害虫或越冬害虫进行一次灭杀。

（2）灌水时间。

初次灌水时，由于土壤团粒疏松，水滴容易直接往下顺着土块空隙流到沟中，没能在畦面实现横向湿润。所以要短时间、多次、间歇灌水，让畦面土壤形成毛细管，促使水分横向湿润。

瓜果类作物在营养生长阶段，要适当控制水量，防止枝叶生长过旺影响结果。在作物挂果后，滴灌时间要根据滴头流量、土壤湿度、施肥间隔等情况决定。一般在土壤较干时滴灌3～4小时，而当土壤湿度居中，仅以施肥为目的时，水肥同灌约1小时较合适。

（3）清洗过滤器。

每次灌溉完成后，需要清洗过滤器。每3～4次灌溉后，特别是水肥灌溉后，需要把滴灌带堵头打开冲水，将残留在管壁内的杂质冲洗干净。作物采收后，集中冲水一次，收集备用。如果是在大棚内，只需要把滴灌带整条拆下，挂到大棚边的拱管上即可，下次使用时再铺到膜下。

（四）滴灌设备常见故障与排除

1.管道发生断裂

农田滴灌设备发生管道断裂故障现象时，产生的原因主要有以下三个方面，应具体问题具体分析，合理解决。

（1）管材质量不好。对于管材质量不好的问题，要严把进货关，在购买管材时，一定要严格检查管材的质量，切不可粗心大意。

（2）地基下沉不均匀。当地基出现下沉不均匀现象时，要挖开地基进行认真检查，对不良的地基应进行基础处理。

（3）管子受温度、应力影响而破坏，或因施工方法不当而造成管道破裂。在施工的时候，要求管道覆土厚度必须在最大冻深20厘米以下。当侧面有临空面或有管道通过涵洞时，一定要注意侧向及管下的土深要达到要求。要加强施工管理，在开挖管沟、处理地基、铺设安装、管道试压、回填管沟等几道工序上要严格按规范进行。当管道在通过淤泥地段时，必须采取加强处理。

2.管道出现砂眼

管道出现砂眼的原因，一般是管子制造时的缺陷引起的。处理方法是在砂眼周围用100目的砂布打毛，并在砂眼周围已打毛的部分和另一管片打毛的内侧涂上粘合剂，把管片盖在砂眼上，并左右移动，使其粘合均匀，待片刻即可粘牢修复。

3.停机时水逆流

农田滴灌设备在停机时出现逆向流水的现象时，产生的原因：①进、排气阀损坏，应查明原因，拆卸损坏的进、排气阀进行修复或更换；②进、排气阀的安装位置不正确，管道出现负压，应查明原因并重新安装。

4.滴水不均匀

滴灌设备出现滴水不均匀现象时，一般情况下表现为远水源处水量不足、近水源处滴水过急，故障产生的原因：① 滴头堵塞，应仔细检查各故障滴头，并清堵修复或更换滴头；② 供水压力不够，可调高水压排除故障；③ 管路支管架设得不合理，出现了逆坡降，应根据地形合理调整支管的坡度或重新架设支管走向。

5.过滤器堵塞

滴灌设备出现过滤器堵塞现象，产生的原因：① 进水水质过差，造成过滤器堵塞，应检验进水水质；② 过滤器使用时间过久，脏物沉积堵塞，应经常对过滤器进行拆卸检修。

6.滴头堵塞

引起滴头堵塞故障的原因主要有物理、化学和生物几个方面的因素，操作中要视不同情况进行处理，选用合理方法排除故障。

（1）物理因素。主要是水质不够清洁，水中含有大量泥沙、杂物等，极易造成滴头堵塞。故障排除方法是用高压水冲洗法清除滴头内的堵塞物。

（2）化学因素。主要是水中含有的铁、锰、硫等元素进行化学反应后，生成了不溶于水的物质，沉淀结垢使滴头堵塞，可选用酸处理法进行排除。

（3）生物因素。水中含有藻类、真菌等微生物沉积堵塞滴头，可用加氯处理法清除污物，排除故障。

第四章
植保机械使用与维修

一、背负式手动喷雾器

（一）背负式手动喷雾器概述

背负式手动喷雾器是用人力来喷洒药液的一种植保机械（图4-1）。它具有结构简单、价格低廉、使用维修方便、操作容易、适用性广等特点。可用于水田、旱地及丘陵山区防治仓储害虫和卫生防疫。它是目前我国农村使用量最大的一种植保机械。

背负式手动喷雾器由药箱、空气室、胶管、开关、喷杆、喷头、摇杆、连杆等组成。从结构上来看，背负式手动喷雾器有空气室外置和内置两种。

图4-1　背负式手动喷雾器

（二）背负式手动喷雾器的使用

1. 喷头的选择和调整

喷头是喷雾机械最为重要的部件，它决定着喷雾质量的好坏，直接关系到施药效果，喷头的作用是使药液雾化形成雾滴；决定喷雾的雾形和喷雾机械的流量。

喷头一般由三个部分组成：喷头帽、喷头体和喷片，质量好一点的会加上滤网，但农民习惯于大流量的喷雾作业，不喜欢滤网。不同的喷头有不同的适用范围。我国手动喷雾器上多安装液力式喷头，其工作原理是将液泵送来的药液雾化成微细的雾滴喷洒出去。它的特点是：喷水量大，每亩高达40~50升，甚至更多（大田作物），故常用于高容量和中容量喷雾；雾滴粗，雾滴直径200~450微米，在作物上黏附率低，一般只有30%左右；雾滴飘移少；适合于喷洒各类农药的药液，操作也很简便。

根据雾形，液力式喷头可分为圆锥雾喷头和扇形雾喷头两类。按喷出的雾滴降落在平面上的分布情况，圆锥雾喷头又分为空心圆锥雾喷头和实心圆锥雾喷头。

我国手动喷雾器上多安装圆锥雾喷头中的切向进液喷头，也有些新型手动喷雾器装配有扇形雾喷头，便于喷洒除草剂。空心圆锥雾喷头与雾滴分布，喷出的雾呈伞状，中心是空的，落地后是一个圆形中空雾斑，中间无雾滴或只有极少的雾滴。在喷雾量小和喷施压力高时，可产生较细的雾滴，适于喷洒杀虫剂、杀菌剂和苗后茎叶处理除草剂。实心圆锥雾喷头与雾滴分布，喷出的雾滴降落地面后是一个实心的圆形雾斑，在雾斑内雾滴较均匀。雾流中间部分的药液未能充分雾化，雾滴较粗，但穿透力较强，适用于喷洒苗前土壤处理除草剂和苗后触杀型除草剂。

可调喷头，包括喷头主体和喷头盖体，在喷头主体和喷头盖体之间设有由螺旋状斜面构成的出水口。在螺旋状斜面上设有均匀分布的放射性出水凹槽。在喷头盖体的凸顶端部均匀分布有斜面凹口。喷头主体和喷头盖体可由螺钉通过圆心定位孔连接。为了保证螺旋状斜面构成的出水口开口的同步及保证开口高度不因开口角度的调整而改变，螺钉的螺旋线上升角度与喷头主体和喷头盖体之间的螺旋状斜面的上升角度相同。根据使用需要，调整喷头前螺纹长度来调整喷雾角和射程。

2.机械的安装与调整

一般来说，机械出厂时药箱与唧筒组件基本已连接好，拆箱后，将摇杆插进药箱底上的孔内，再将连杆先与唧筒盖连接上，再与摇杆连接，用销子固定，最后将胶管连接到空气室的出水孔上，接上开关、喷杆、喷头即可。

一般企业会同时配有圆锥雾喷头、扇形雾喷头、双喷头，甚至三喷头，根据施药量、施药面积、农药剂型确定使用哪种喷头，产品说明书会有详细说明，使用前要仔细阅读说明书，并规范操作。

3.使用技术要求

（1）使用装配前将缸筒内皮碗、垫圈（牛皮）滴几滴机油。

（2）根据不同用途选用适当孔径的喷头片。

（3）使用前要检查背带长度是否合适，药箱及喷射部件上各连接处有无垫圈，是否安装无误，并用清水试喷。

（4）药液应在其他容器内配制，加药液前要关闭开关，加注药液切勿过满，应在加水线以下，然后盖紧加水盖，以免药液漏出或冒出。

（5）操作时注意事项。背负式喷雾器使用时，主要特点是要连续摇动摇杆加压，保持液泵内压力的相对稳定，以保证喷雾雾滴相对均匀。但操作时必须注意，要按规定的方法操作，装好药液，盖紧，开始打气（摇动摇杆）。打气时，药液进入空气室，使空气室内的空气被压缩产生压力，当压力达到一定强度时（药液上升到安全水位线）打开药液开关，药液即由喷头喷出形成雾滴。边喷雾边打气，空气室内压力稳定，空气室内的水面保持在水位线上下，即可连续喷雾，喷出的雾滴细而飘；若打气慢，空气室内压力不足，空气室内的水位线下降，喷出的药液量就减少，形不成完整的雾形，影响喷雾质量；若停止打气，空气室内的药液排空后，喷头就喷不出雾了。因此在用背负式手动喷雾器进行喷雾时，必须一手拿喷杆喷雾，一手连续均匀地打气，一般要求每分钟打气18～25次，不可打打停停，更不能长时间停打。但也不能速度过快，当摇动手压杆感到沉重时，不能过分用力，以防空气室爆裂，或将喷雾器连接件压断；外置式空气室的背负式喷雾器，当空气室中的药液超过安全水位线时，应立即停止打气，以防空气室爆裂。

（6）喷雾作业者要戴口罩、穿长袖衫、长裤、鞋袜、戴手套等，注意人体勿与药液接触，且要顺风向喷洒，以防中毒。

（7）操作时，严禁吸烟和饮食，并且不可过分弯腰，以防药液漏出。

（8）换喷片时，要使喷片上的圆锥孔面向内，否则会影响喷雾效果。

（9）用剩的药液应存放在特定地方，妥善保管。操作完毕后应用肥皂洗手、洗脸。

（10）严禁用手拧喷雾器连杆，以免变形。

（三）背负式手动喷雾器的常见故障与排除

1. 喷雾压力不足，雾化不良

原因及排除方法：① 因进水球阀被污物搁起，可拆下进水阀，用布清除污物；② 因皮碗破损，可更换新皮碗；③ 因连接部位未装密封圈，或因密封圈损坏而漏气，可加装或更换密封圈。

2. 喷不成雾

原因及排除方法：① 因喷头体的斜孔被污物堵塞，可疏通斜孔；② 因喷孔堵塞可拆开清洗喷孔，但不可使用铁丝或铜针等硬物捅喷孔，防止孔眼扩大，使喷雾质量变差；③ 因套管内滤网堵塞或过水阀小球搁起，应清洗滤网及清洗搁起小球的污物。

3. 开关漏水或拧不动

漏水原因及排除方法：① 因开关帽未拧紧，应旋紧开关帽；② 因开关芯上的垫圈磨损，应更换垫圈；开关拧不动原因及排除方法：是放置较久，或使用过久，开关芯因药剂的浸蚀而黏结住，应拆下零件在煤油或柴油中清洗；拆下有困难时，可在煤油中浸泡一段时间，再拆卸即可拆下，不可用硬物敲打。

4. 连接部位漏水

原因及排除方法：① 因接头松动，应旋紧螺母；② 因垫圈未放平或破损，应将垫圈放平，或更换垫圈；③ 因垫圈干缩硬化，可在动物油中浸软后再使用。

二、背负式电动喷雾器

（一）背负式电动喷雾器概述

背负式电动喷雾器是以蓄电池为能源，驱动微型直流电机带动液泵进行工作的一种背负式喷雾器。它是在背负式手动喷雾器基础上改良的一种产品，它提高了喷雾器的工作效率，减轻了操作人员的负担，结构简单、操作容易、适用性广。目前它的生产量日益增长，有取代背负式手动喷雾器的趋势，将成为近几年植保机械的主打产品之一。

背负式电动喷雾器结构大同小异，与手动喷雾器外观相似，不同的是电机泵、蓄电池、充电器是背负式电动喷雾器的主要构成部分。电机泵是背负式电动喷雾器的核心部件，主要有活塞泵、隔膜泵、叶轮泵等。蓄电池最主要的区别是容量大小，一般采用12伏8～12安·时的铅酸蓄电池。市场上常用的充电器有负脉冲充电器和三段式充电器。

（二）背负式电动喷雾器的使用

1. 背负式电动喷雾器的安装和调试

背负式电动喷雾器出厂时，一般药箱、蓄电池、电机泵等主要部件均已连接好，用户只需要自己连接喷射部件即可。背负式电动喷雾器泵的工作压力可调整，一般隔膜泵都是采用压力开关来调整工作压力，需要时只需拧紧或松开隔膜泵泵头上的螺钉，就可以在一定范围内调整到需要的压力。

2. 使用时安全技术要求

背负式电动喷雾器的使用要求，喷射部件及农药的使用与背负式喷雾器相同，在这里重点谈谈泵、蓄电池、充电器的使用。

（1）泵的安全使用。叶轮泵的特点是其不易发生阻塞，可用于喷洒非水溶性粉剂，但喷洒农药后，叶轮容易受腐蚀磨损引起渗漏。因此，叶轮泵非常容易损坏，维修率高，国内使用叶轮泵的企业很少。

隔膜泵不能用于喷洒非水溶性粉剂，喷洒非水溶性粉剂后，膜片容易发生粘连、磨损或膨胀，造成泵不吸水。如果因特殊原因使用非水溶性粉剂和乳液，则必须在使用后，立即用清水将喷雾器和水泵冲洗干净，以减少对机具造成的伤害。

（2）蓄电池的安全使用。蓄电池是背负式电动喷雾器的动力源，是一种易耗品，并且价格较高，因此使蓄电池保持良好的工作状态，延长其使用寿命，无论从环保或经济角度讲，都有很大的实用价值。

（3）充电器的安全使用。充电器的正确操作是先插电池，后接电源；充足后，先切断电源，后拔插头。如果充电时先拔电池插头，特别是充电电流大（红灯时），非常容易损坏充电器。

（三）背负式电动喷雾器的常见故障与排除

1.电机不转

原因及排除方法：① 若电源开关未打开，需要打开电源开关；② 若电路接线不好，出现接头松脱，需要将线路接好；③ 若开关损坏或保险丝熔断，需要更换开关或保险丝；④ 若电机损坏，需要更换电机；⑤ 若电池电压低，需要充电或更换蓄电池。

2. 电机转，但不喷雾

原因及排除方法：原因可能为喷嘴堵塞、药箱盖进气嘴堵塞、泵阀堵塞、吸水口滤网堵塞、调压螺丝松动、调压弹簧失效、隔膜片失效等，需要进行相应部件清洗、疏通、调节或更换。

3. 不能充电

原因及排除方法：原因可能为电池异常、充电器异常、接头连接不良、导线断路等，需要及时进行更换、重新连接或修复。

4. 泵不工作

原因及排除方法：可能原因为调压微动开关失效、船形开关接触不良、电机运转沉重、电源开关在"ON"位置等，需要进行更换或正确操作电源开关。

三、背负式机动弥雾机

（一）背负式机动弥雾机概述

背负式机动弥雾机（也称背负式机动喷雾喷粉机）是一种在我国广泛使用的既可以喷雾，又可以喷粉的多用植保机械。弥雾机由于具有操纵轻便、灵活机动、生产效率高等特点，广泛用于较大面积的农林作物的病虫害防治工作，以及化学除草、叶面施肥、喷洒植物生长调节剂、卫生防疫、消灭仓储害虫及家畜体外寄生虫、喷洒颗粒等工作。它不受地理条件限制，在山区、丘陵地区及零散地块上都很适用。

背负式机动弥雾机是采用气流输粉、气压输液、气力喷雾原理，由汽油机驱动的植保机械，主要由离心风机、汽油发动机、药液箱、油箱、喷管和机架等组成。

（二）背负式机动弥雾机的使用

1. 弥雾机的调整

（1）汽油机转速的调整。

机具经修理或拆卸后需要重新调整汽油机转速。

油门为硬连接的汽油机转速调整方法如下。第一步：安正并紧固化油器卡箍。第二步：启动汽油机，低速运转3～5分钟，逐渐提升油门操纵杆至上限位置。若转速过高，旋松油门拉杆上面的螺母，拧紧拉杆下面的螺母；若转速过低，则反向调整。

油门为软连接的汽油机转速调整方法如下。第一步：松开锁紧螺母。第二步：向下旋调整螺钉，转速下降；向上旋，转速上升。第三步：调整完毕，拧紧锁紧螺母。

（2）粉门调整。当粉门操纵手柄处于最低位置，粉门关闭不严，有漏粉现象时，按以下方法调整粉门。

第一步：拔出粉门轴与粉门拉杆连接的开口销，使拉杆与粉门轴脱离。第二步：用手扳动粉门轴摇臂，迫使粉门挡板与粉门体内壁贴实。第三步：粉门操纵杆置于调量壳的下限，调节拉杆长度（顺时针转动拉杆，拉杆即缩短；反之拉杆伸长），使拉杆顶端横轴插入粉门轴摇臂上的孔中，用开口销销住。

2. 安全使用要求

机具作业前应先按汽油机有关操作方法，检查其油路系统和电路系统后再进行启动，确保汽油机工作正常。

（1）喷药作业步骤。机具处于喷雾作业状态。加药前先用清水试喷一次，保证各连接处无渗漏；加药时不要过急过满，以免从过滤网出气口溢进风机壳里；药液必须干净，以免喷嘴堵塞；加药后要盖紧药箱盖。

启动发动机，使之处于怠速运转。背起机具后，调整油门开关使汽油机稳定在额定转速左右，开启药液手把开关即可开始作业。

（2）喷粉作业步骤。机具处于喷粉作业状态，关好粉门后加粉。粉剂应干燥，不得含有杂草、杂物和结块。加粉后旋紧药箱盖。

启动发动机，使之处于怠速运转。背起机具后，调整油门开关使汽油机稳定在额定转速左右。然后调整粉门操纵手柄进行喷洒。

使用薄膜喷粉管进行喷粉时，应先将喷粉管从摇把绞车上放出，再加大油门，使薄膜喷粉管吹起来。然后调整粉门喷洒。为防止喷管末端存粉，前进中应随时抖动喷管。

背负式机动喷雾喷粉机使用过程中，必须注意防毒、防火、防事故发生，尤其防毒应十分重视。因喷洒的药剂，浓度较手动喷雾器大，雾粒极细，田间作业时，机具周围形成一片雾云，很易吸进人体内引起中毒。因此必须引起重视。

（三）背负式机动弥雾机的常见故障与排除

1. 启动困难

故障原因：打火系统工作异常；油路不畅及贫油或富油。

排除方法：清理火花塞积炭，打磨白金，调整白金间隙至0.25～0.35毫米，火花塞间隙0.6～0.7毫米，观察打火颜色，正常应为蓝白色。如果不出火，则应检查高压线路部分是否断路、短路或接触不良，火花塞、高压线圈、电容器等是否被击穿，磁铁磁性是否减弱，转子与铁芯之间油污是否太多等。这些都属打火系统故障，应及时排除。油路部分应检查油箱是否有油，开关是否完全打开，油箱盖小孔是否堵塞，油管是否破裂及各连接口是否牢固，三角针阀是否卡死，滤清器、滤网及其他部件是否过脏或堵塞，沉淀杯是否打开，调风量活塞及汽油泵是否正常等，这些都将影响正常供油。至于贫油或富油，应仔细检查主量孔是否堵塞或扩大，浮子室油面是否过高或过低，如果是则应调整浮子下面与主量孔齐平。贫油、富油的调整以电极的干湿程度而定。若电极发白则表示贫油，主量孔针阀应向外旋出；电极湿润则表示富油，主量孔针阀应向内旋进，针阀调试以旋紧后再旋出1.5圈为宜。

2. 功率不足

故障原因：混合油不合要求；缸筒和活塞磨损间隙过大；油、气供应不佳。

排除方法：严格油料配制比例，即新机50小时内汽油与机油按15∶1混合，超过50小时后按20∶1混合。缸筒活塞磨损间隙过大应进行镗缸、加大活塞或更换。仔细检查油路、气路是否堵塞或漏油、漏气，清除排气消音器内的积炭，保证油路、气路畅通。

3. 汽油机运转声音异常

故障原因：汽油牌号不合标准或混有水分；浮子室内有沉淀物；火花塞与白金间隙不对。

排除方法：选择汽油牌号符合66~70号的标准，避免水分混入。清除浮子室内的沉淀物。正确调整火花塞与白金间隙

（白金间隙：0.25～0.35毫米，火花塞间隙：0.6～0.7毫米）。

4. 出雾量不足或不喷

故障原因：喷嘴、开关或过滤网孔等堵塞；挡风板未打开；药箱漏气；药箱内进气管拧成麻花；发动机功率不足等。

排除方法：打开挡风板，疏通喷嘴、开关、过滤网透气孔、药箱进气管等。补塞漏气部位，检查、维修发动机使之达到应有功率。

四、风送式喷雾机

（一）风送式喷雾机概述

风送式喷雾机具有喷幅大、雾滴均匀性好、农药使用效率高和受环境制约少等优点。适用于对城市园林绿化、防风防沙林带、农田林网、公路绿化带、花带路树、草原牧场等喷药防治病虫害；还可普遍应用于城市街道、车站码头、学校机场、公共场所、垃圾场地的卫生防疫等喷药杀菌消毒。

根据动力输入形式，风送式喷雾机可分为车载式、拖挂式、悬挂式、自走式。

风送式喷雾机主要由药箱、取力器、压力泵、管路系统、流量控制阀、轴流风机、环状喷头分配管、喷头、机架和传动装置等组成。

（二）风送式喷雾机的使用

1. 使用前的安全检查

（1）配套动力发电机的检查与准备。

① 使用前务必仔细阅读发电机的使用说明书，特别注意各部分的安全操作要求。

② 按照配套发电机的使用说明书，做好使用前的检查工作，确认发电机处于正常工作状态。

③ 检查机油和燃油情况，并及时进行补充或更换。

（2）药液泵的检查与准备。

① 检查各管道连接是否可靠、密封。

② 检查压力调节机构是否灵活可靠。

③ 检查皮带松紧程度是否合适。

④ 检查压力是否合适。

⑤ 检查药液泵的喷雾出口阀门，应使其处于常开状态，维修药液管路时关闭。

（3）风筒及转向、摆动机构的检查与准备。

① 检查风筒各部分连接状态，确保连接正常。

② 检查风机叶轮状态，确保工作正常。

③ 检查转向，根据喷射方向调整好风机角度。

④ 对摆动机构的状态、润滑情况、灵活性等进行检查，同时根据树木的高低调整摆幅和风筒角度。

（4）药箱及进出药液部分的检查。

① 检查药箱是否有残液，加液和出液部分畅通情况、各管道连接是否紧固、密封，并及时进行清理和冲洗。

② 箱内加入适量净洁的清水，由于喷头喷孔小，应加强过滤。本机加药孔有过滤装置，要及时检查，确保能够正常使用。

③ 操作人员必须经过培训后方可操作风送式喷雾机，而且应穿戴好防护用品，以防药液中毒。在处理农药时，应当遵守农药生产厂所提供的安全指示。

④ 操作者严禁直接与药液接触，一旦溅上药液即刻用清水冲洗。

⑤ 由于喷出的药雾很轻，易受风力影响，在进行喷雾操作时，操作人员应在上风头行走，以尽可能减少含药雾粒对人体的侵害。

（5）喷嘴的更换。

① 若需更换喷嘴时，先取下原喷嘴，再安装合适喷量的喷嘴，更换时要确保喷嘴连接可靠、密封良好。

② 更换喷嘴后，应调节药泵的压力，使其工作在额定工作压力下。

2. 使用中的注意事项

① 发电机在运行中不要松开或重新调整限位螺栓和燃油量控制器螺栓，否则会直接影响机械性能。

② 连接发电机的外部设备在运行中出现运行异常情况时，应立即关闭发电机，查找并排除故障。

③ 若出现电流过载，导致电源开关跳闸，应减小电路的负载，并等几分钟后再重新启动。

④ 直流输出端子只用于对蓄电池进行充电。

⑤ 蓄电池的正负极性一定要连接正确，否则会损坏电池。

⑥ 直流及交流输出的总功率不能大于机组额定功率。

⑦ 禁止使用不符合要求的工作液，输出的电流不能超过发电机的额定输出电流。

⑧ 停机时应关闭发电机的主开关。

⑨ 加农药、工作时应注意穿、戴好防护用品。

（三）风送式喷雾机的常见故障与排除

1. 无电力输出或电力输出不足

故障原因：① 引擎转速过低；② 转子二极管损坏；③ 转

子损坏；④ 定子损坏；⑤ 断路器损坏；⑥ AVR损坏；⑦ 燃油不足；⑧ 蓄电池电量不足；⑨ 钥匙开关处于"关"位置；⑩ 遥控接收机有问题；⑪ 继电器与座有松动现象，触点接触不好或连接线松动。

排除方法：① 将引擎转速调至规定水平；② 更换二极管；③ 更换转子；④ 更换定子；⑤ 更换断路器；⑥ 更换AVR；⑦ 加注燃油；⑧ 对电池充电或更换新电池；⑨ 将钥匙开关置于"开"位置；⑩ 更换接收机或修理；⑪ 将继电器固定紧，若继电器触点有问题应砂磨或更换，紧好连接线。

2. 有电力输出，但低于负荷要求

故障原因：① 引擎转速过低；② 发电机和负荷间所用电线过长；③ 负荷过大；④ 声音不正常，转速间断地时快时慢；⑤ 转速时慢时快。

排除方法：① 将引擎转速升高至电压达到的额定值；② 将汽油发电机机组重新摆放，和负荷间距离尽量缩短；③ 将负荷降低至低于发电机机组的容量限制；④ 切断负荷，停机检查是否是燃油过少或空气进入喷油泵内；⑤ 检查油路、气路有无堵塞现象，如有，清除修复。

3. 不发电

故障原因：① 主开关没有打开；② 插座接触不良；③ 炭刷已磨损。

排除方法：① 打开主开关；② 调整插座；③ 更换炭刷。

4. 蓄电池电量不足

故障原因：① 发动机启动太频繁；② 不充电、充电部分有问题；③ 蓄电池已损坏。

排除方法：① 减少启动频次；② 检查充电线路故障并修复；③ 更换蓄电池。

5. 风机无法启动

故障原因：① 电源开关关闭；② 电器箱内漏电断路器关闭；③ 风机电机启动电容击穿或电机烧坏；④ 电器线路中有线头松动现象；⑤ 遥控器失灵或损坏；⑥ 发动机磨损过度，功率下降，电压过低；⑦ 喷油泵及喷油嘴油量不足。

排除方法：① 打开开关；② 检查是否漏电，确认不漏电后再合上漏电断路器；③ 检修或更换电机；④ 重新接好线路；⑤ 修理或更换遥控器；⑥ 对发动机进行大修；⑦ 拆下喷油嘴并在试验台上检修。

6. 运行中风机突然出现转速不正常

故障原因：① 发电机运转不正常；② 发电机燃油供给与油泵油嘴有故障；③ 发电机空滤部分堵塞；④ 发电机输出电压不正常，电流过大。

排除方法：① 切断负荷，停机检查；② 检查燃油与油泵油嘴；③ 检查清理空滤部分；④ 停机检查发电机。

五、喷杆式喷雾机

（一）喷杆式喷雾机概述

喷杆式喷雾机是将液体分散开来的一种农机具，是农业施药机械的一种。该类喷雾机的作业效率高，喷洒质量好，喷液量分布均匀，适合大面积喷洒各种农药、肥料和植物生长调节剂等的液态制剂，广泛用于大田作物、草坪、苗圃、墙式葡萄园及特定场合（如机场、道路融雪，公路边除草等）。近年来，大田喷杆式喷雾机作业面积已占到我国病虫草害防治面积的5％以上。随着农业种植结构的调整和规模化程度的提高以及大中型拖拉机市场占有率的快速增长，喷杆式喷雾机技术将会发挥越来越重要的作用。

喷杆式喷雾机作为大田作物高效、高质量的喷洒农药的机具，近年来，已深受我国广大农民的青睐。该机具可广泛用于大豆、小麦、玉米和棉花等农作物的播前、苗前土壤处理、作物生长前期灭草及病虫害防治。装有吊杆的喷杆喷雾机与高地隙拖拉机配套使用可进行诸如棉花、玉米等作物生长中后期病虫害防治。该类机具的特点是生产率高，喷洒质量好（安装狭缝喷头时喷幅内的喷雾量分布均匀性变异系数不大于20％），是一种理想的大田作物用大型植保机械。

按喷杆的形式分，喷杆式喷雾机可分为横喷杆式、吊杆式和气袋式3类。横喷杆式喷杆水平配置，喷头直接装在喷杆下面，是常用的机型。吊杆式在横喷杆下面平行地垂吊着若干根竖喷杆，作业时，横喷杆和竖喷杆上的喷头对作物形成门字形喷洒，使作物的叶面、叶背等处能较均匀地被雾滴覆盖。主要用在棉花等作物的生长中后期喷洒杀虫剂、杀菌剂等。气袋式在喷杆上方装有一条气袋，有一台风机往气袋供气，气袋上正对每个喷头的位置都开有一个出气孔。作业时，喷头喷出的雾滴与从气袋出气孔排出的气流相撞击，形成二次雾化，并在气流的作用下，喷向作物。同时，气流对作物枝叶有翻动作用，有利于雾滴在叶丛中穿透及在叶背、叶面上均匀附着。主要用于对棉花等作物喷施杀虫剂。这是一种较新型的喷雾机，我国目前正处在研制阶段。

按与拖拉机的连接方式分，喷杆式喷雾机可分为悬挂式、固定式和牵引式3类。悬挂式喷雾机通过拖拉机三点悬挂装置与拖拉机相连接；固定式喷雾机各部件分别固定地装在拖拉机上；牵引式喷雾机自身带有底盘和行走轮，通过牵引杆与拖拉机相连接。

按机具作业幅宽分，喷杆式喷雾机可分为大型、中型和小型3类。大型喷幅在18米以上，主要与功率36.7千瓦以上的拖拉机配套作业。大型喷杆喷雾机大多为牵引式。中型喷幅为10~18米，主要与功率在20~36.7千瓦的拖拉机配套作业。小型喷幅在10米以下，配套动力多为小四轮拖拉机和手扶拖拉机。

喷杆喷雾机的主要工作部件包括：液泵、药液箱、喷头、防滴装置、搅拌器、喷杆桁架机构和管路控制部件等。

（二）喷杆式喷雾机的使用

1. 喷杆式喷雾机的安全使用要求

（1）操纵者必须有拖拉机驾驶证并经过专业培训。

（2）操作喷杆式喷雾机前确认拖拉机和喷杆式喷雾机符合工作安全和道路交通法规的规定。

（3）任何时候都不要让儿童爬上拖拉机、喷杆式喷雾机或在喷杆式喷雾机附近玩耍。

（4）启动喷杆式喷雾机或开始工作前检查喷杆式喷雾机四周，确保所有人员和动物都已远离喷杆式喷雾机的危险区域。

（5）启动喷杆式喷雾机之前，测试所有的零部件，并且进行适当的保养。

（6）作业或行驶时喷杆式喷雾机上均严禁搭载人或动物。

（7）不要突然刹车或者启动，以免伤人。

（8）请不要在透气性不好的地方操纵喷杆式喷雾机。拖拉机尾气是有毒的，并且能够在几分钟内使操纵者窒息而死。

（9）不要站在喷杆式喷雾机转动部件的转动和回转区域内。

（10）喷杆的折叠处有挤压、剪切的危险。折叠时人应站在喷杆的外侧端头，用手抓住喷杆，慢慢送到折叠位置，切不可突然松手，以免造成挤压或剪切伤人。

（11）保持所有扶梯和机身踏板的清洁，以免发生事故。

（12）随机配备的水壶仅用于盛装清洗用水，以清洗被农药污染的部位，不得饮用。

（13）严禁操作人员酒后（包括饮用镇静剂、兴奋剂）、带病或过度疲劳时驾驶。

（14）未满16周岁的少年、年满60周岁的老人、孕妇、残疾人、精神病患者以及未掌握喷杆式喷雾机使用规则的人员不准单独作业。

2.喷杆式喷雾机操作

（1）操作喷杆式喷雾机前，使所有的控制装置都处于空挡位置或停车位置。

（2）根据路况和地况调整行驶速度，永远不能超速行驶；在任何情况下都应避免急转弯。

（3）在运输、行进过程中注意避开行人、电缆及其他障碍物。

（4）使用安全带，确保操作人员自身的安全。

（5）遇有危险情况时用喇叭报警。

（6）喷杆式喷雾机一旦发生异常声响，应立即停机，查找原因。

（7）转弯时要注意喷杆式喷雾机的悬挂部分，喷杆式喷雾机的长度、宽度和重量等均会造成喷杆式喷雾机重心的偏移。

（8）拖拉机的控制能力、转向灵活性、牵引力、地面附着力和刹车效果受到其挂接农具的重量和种类、拖拉机前配重的重量、路况和地况等方面的影响。因此，在驾驶时对所有情况都要有足够的重视。

（9）当发动机运行时或者喷杆式喷雾机工作的时候，不要离开驾驶座位。

（10）离开拖拉机前将喷杆式喷雾机降落到地面上，分离动力输出轴、关闭发动机、拉起停车制动、将变速手柄置于空挡位置并且拔出钥匙。

（11）喷杆式喷雾机停止工作时必须加上停车制动。

（12）不要把设备停放在倾斜地面上。

（13）视野或光线不好时，不得操纵喷杆式喷雾机。

3. 田间作业

（1）每种农药都有其适用的喷嘴，当选择喷嘴的时候天气也是一个很重要的方面。喷洒量也会因不同的药剂而不同。因此要综合考虑来选择合适的喷嘴。

（2）注意观察仪表和信号装置，有异常情况及时停车检查。

（3）要逐渐地加速或者减速以防止对喷杆式喷雾机的损坏。

（4）在启动喷雾机之前，保证踏梯已经折叠好了。

（5）为了避免对喷雾机结构的损坏，药箱装满以后不要上下移动喷雾机。

（6）不要走坑洼的路以免对喷雾机的机械性能造成损

坏，尤其是对车身的底盘、悬挂架和喷杆。

（7）切勿使发动机超载。在发动机高速行走时不要突然刹车。

（三）喷杆式喷雾机的常见故障与排除

1. 调压失灵

故障原因：① 泵转速低；② 过滤滤芯堵塞；③ 出水管受阻；④ 系统泄漏；⑤ 喷嘴堵塞；⑥ 泵进水管吸瘪或折死；⑦ 泵工作隔膜破裂；⑧ 隔膜泵进出水阀被杂物卡住或损坏；⑨ 隔膜泵调压阀的柱塞卡死在回水体的孔中；⑩ 隔膜泵调压阀座磨损或调压阀座与锥阀之间有杂物；⑪ 压力表损坏；⑫ 泵进水管漏气；⑬ 调压阀内部件损坏；⑭ 调压阀阻塞卡死；⑮ 调压阀锁紧螺母位置不对。

排除方法：① 调整动力输入转速至泵的额定转速；② 清洗滤芯；③ 检查过滤器与泵之间的水管有没有扭曲，若扭曲，则需更换水管；检查药箱到过滤器之间的水管是否堵塞，若堵塞需排出；④ 药箱加满水，打开阀门，查看是否泄漏或水流顺畅，检查药箱出口和泵进口的环形卡箍是否连接好，否则更换卡箍；⑤ 检查喷嘴流速是否达到推荐值，当流速小于规定的10%时更换喷嘴，只使用推荐制造商的喷嘴；⑥ 更换吸水管；⑦ 更换隔膜；⑧ 拆开隔膜泵侧盖，清除杂物或更换进出水阀；⑨ 拆开调压阀，进行检查清洗，调整至使柱塞在回水体孔中能来回活动即可；⑩ 反复扳动减压手柄几次，冲去杂物，如果没有效果则应拆开调压阀进行检查清洗或更换锥阀；⑪ 修理、更换压力表；⑫ 检查修理、更换进水管；⑬ 更换调压阀部件；⑭ 将调压阀卸下、蘸机油冲洗后重装；⑮ 重新调整锁紧螺母位置。

2. 喷头不喷雾

故障原因：① 喷孔堵塞；② 液泵不供液。

排除方法：① 清除堵塞物；② 检查液泵，清洗吸水三通阀处的过滤器。

3. 动力不足，喷药量不足

故障原因：① 液泵没有启动；② 药箱缺药液；③ 滤芯不清洁；④ 水管扭曲或堵塞；⑤ 系统泄漏。

排除方法：① 检查液泵的连接；② 加注药液；③ 清洗滤芯，或者根据水质选择滤芯；④ 检查过滤器与泵之间的水管是否扭曲，若扭曲，需更换水管；若堵塞，排除堵塞异物；⑤ 检查过滤器密封圈是否泄漏，若泄漏，需更换密封圈。

4. 压力表针振动过大，泵出水管抖动剧烈

故障原因：① 泵空气室充气压力不足或过大；② 泵阀门损坏；③ 泵气室膜片或隔膜损坏；④ 压力表下的阻尼开关手柄位置不恰当；⑤ 压力过高或管路有气体贮存。

排除方法：① 向空气室充气或放气至适当压力；② 检查更换阀门组件（切勿装反）；③ 更换气室膜片或隔膜片；④ 调整开关手柄至合适位置；⑤ 全部卸压后重新加压。

5. 吸不上水

故障原因：① 换向阀漏气或手柄位置不对；② 吸水管路严重漏气或堵塞；③ 泵进、出水阀门内的阀片卡死或严重磨损；④ 泵进、出水阀门弹簧折断；⑤ 吸水高度过大；⑥ 泵进水管吸瘪或折死。

排除方法：① 拆卸清洗更换密封圈或改变手柄位置；② 检查泵进水管所有连接部位是否漏气，并旋紧卡箍；检查是

否有堵塞处，并排除；③ 逐个拆卸泵盖检查，更换阀门组件（切勿装反）；④ 更换阀门弹簧；⑤ 降低吸水高度，应小于4米或另选水源；⑥ 更换吸水管。

六、植保无人机

（一）植保无人机概述

无人机是一种有动力、可控制、能携带多种任务设备、执行多种任务，并能重复使用的无人驾驶航空器。它们没有驾驶舱，但安装有自驾仪、飞行姿态控制等设备，以助推、垂直起降、喷射起飞等方式起飞，以降落伞、拦阻索、接收网等方式回收，可多次使用。无人机曾经作为一种作战武器在战场中显示出强大的战斗能力。无人机在民用领域应用主要表现在航空摄影、地面灾害评估、航空测绘、交通监视、消防、人工增雨等方面。无人机在农田中的应用逐渐开始出现，主要集中在农田信息遥感、灾害预警、施肥喷药等领域。

农用无人机有多种分类方法：如按照动力来源，分为电动和油动；按机型结构，分为固定翼、单旋翼、多旋翼和热动力飞行器；按起飞方式可分为助跑起飞、垂直起飞、垂直降落，等等。

植保无人机作业相对于传统的人工喷药作业和机械装备喷药有很多优点：作业高度低，飘移少，可空中悬停，无须专用起降机场，旋翼产生的向下气流有助于增加雾流对作物的穿透性，防治效果好，远距离遥控操作，喷洒作业人员避免了暴露于农药的危险，提高了喷洒作业安全性等。植保无人机喷洒技术采用喷雾喷洒方式至少可以节约50%的农药使用量，节约90%的用水量，这很大程度上降低了资源成本。

（二）植保无人机的作业流程

1. 确定防治任务

展开飞防服务之前，首先需要确定防治农作物类型、作业面积、地形、病虫害情况、防治周期、使用药剂类型以及是否有其他特殊要求。具体来讲就是：勘察地形是否适合飞防、测量作业面积、确定农田中的不适宜作业区域（障碍物过多可能会有炸机隐患）、与农户沟通、掌握农田病虫害情况报告，以及确定防治任务是采用飞防队携带药剂还是农户自己的药剂。

需要注意的是，农户药剂一般自主采购或者由地方植保站等机构提供，药剂种类较杂且有大量的粉剂类农药。由于粉剂类农药需要大量的水去稀释，而植保无人机要比人工节省90%的水量，所以不能够完全稀释粉剂，容易造成植保无人机喷洒系统堵塞，影响作业效率及防治效果。因此，需要和农户提前沟通，让其购买非粉剂农药，比如水剂、悬浮剂、乳油等。

另外，植保无人机作业效率根据地形，一天为200～600亩[①]，所以需要提前配比充足药量，或者由飞防服务团队自行准备飞防专用药剂，进而节省配药时间，提高作业效率。

2. 确定飞防队伍

确定防治任务后，就需要根据农作物类型、面积、地形、病虫害情况、防治周期和单台植保无人机的作业效率，来确定飞防人员、植保无人机数量以及运输车辆。一般农作物都有一定的防治周期，在这个周期内如果没有及时将任务完

---

① 1亩≈667米^2，全书同。

成，将达不到预期的防治效果。对于飞防服务队伍而言，首先应该做到的是保证防治效果，其次才是如何提升效率。

举例来说，假设防治任务为水稻2 500亩，地形适中，病虫期在5天左右，单旋翼油动植保无人机保守估计日作业面积为300亩。300亩×5天=1 500亩，所以需要出动两台单旋翼油动植保无人机。而一台单旋翼油动植保无人机作业最少需要一名飞手（操作手）和一名助手（地勤），所以需要2名飞手与2名助手。最后，一台中型面包车即可搭载4名人员和2~3架单旋翼油动植保无人机。

需要注意的是，考虑到病虫害的时效性及无人机在农田相对恶劣的环境下可能会遇到突发问题等因素，飞防作业一般可采取2飞1备的原则，以保障防治效率。

3.环境天气勘测及相关物资准备

首先，进行植保飞防作业时，应提前查知作业地方近几日的天气情况（温度及是否有伴随大风或者雨水）。恶劣天气会对作业造成困扰。提前确定这些数据，更方便确定飞防作业时间及其他安排。其次是物资准备。电动多旋翼需要动力电池（一般为5~10组）、相关的充电器，以及当地作业地点不方便充电时可能要随车携带发电设备。单旋翼油动直升机则要考虑汽油的问题，因为国家对散装汽油的管控，所以要提前加好所需汽油或者掌握作业地加油条件（一般采用97#），到当地派出所申请农业散装用油证明备案（不同地域有所差别，管控松紧不一，一般靠近农村乡镇不会有这种问题）。然后是相关配套设施，如农药配比和运输需要的药壶或水桶、飞手和助手协调沟通的对讲机，以及相关作业防护用品（眼镜、口罩、工作服、遮阳帽等）。如果防治任务是包工包药的方式，就需要飞防团队核对药剂类型与需要防治作物病虫害是否符合，数量是否正确。

一切准备就绪，天气适中，近期无雨水或者伴随大风（一般超过3级风将会对农药产生大的飘移），即可出发前往目的地开始飞防任务。

4. 开始飞防作业

飞防团队应提前到达作业地块，熟悉地形、检查飞行航线路径有无障碍物、确定飞机起降点及作业航线基本规划。

随后进行农药配制，一般需根据植保无人机作业量提前配半天到一天所需药量。

最后，植保无人机起飞前检查，相关设施测试确定（如对讲机频率、喷洒流量等），然后报点员就位，飞手操控植保无人机进行喷洒服务。

在保证作业效果效率（如航线直线度、横移宽度、飞行高度、是否漏喷重喷）的同时，飞机与人或障碍物的安全距离也非常重要。任何飞行器突发事故时对人危险性较高，作业过程必须时刻远离人群，助手及相关人员要及时进行疏散作业区域人群，保证飞防作业安全。

用药时请使用高效低毒检测无残留的生物农药，以避免在喷洒过程中对周围的动植物产生不良影响、纠纷和经济赔偿。气温高于35℃时，应停止施药，高温对药效有一定影响。

一天作业任务完毕，应记录作业结束点，方便第二天继续前天作业田块位置进行喷洒。然后是清洗保养飞机、对植保无人机系统进行检查、检查各项物资消耗（农药、汽油、电池等）。记录当天作业亩数和飞行架次、当日用药量与总作业亩数是否吻合等，从而为第二天作业做好准备。

（三）植保无人机的常见故障与排除

1. 出现GPS长时间无法定位的情况

首先，冷静下来等待，因为GPS冷启动需要时间。如果等待几分钟后情况依旧没有好转，可能是因为GPS天线被屏蔽，GPS被附近的电磁场干扰，需要把屏蔽物移除，远离干扰源，放置到空旷的地域，看是否好转。另外造成这种情况的原因也可能是GPS长时间不通电，当地与上次GPS定位的点距离太长，或者是在飞机定位前打开了微波电源开关。尝试关闭微波电源开关，关闭系统电源，间隔5秒钟以上重新启动系统电源等待定位。如果此时还不定位，可能是GPS自身性能出现问题，需要拿去给专业的植保无人机维修人员处理。

2. 控制电源打开后，地面站收不到来自无人机的数据

检查连线接头是否松动了或者没有连接，是否点击了地面站的链接按钮、串口是否设置正确、串口波特率是否设置正确、地面站与飞机的数传频道是否设置一致、飞机上的GPS数据是否送入飞控，其中只要有一个环节出问题就无法通信，检查无误后重新连接。如果检查无误后还是连接不上，重新启动地面站电脑和飞机系统电源，一般都可以连上通信。

3. 在自动飞行时偏离航线太远

首先，检查飞机是否调平，调整飞机到无人干预下能直飞和保持高度飞行。其次，检查风向及风力，因为大风也会造成此类故障，应选择在风小的时候起飞无人机。最后，检查平衡仪是否放置在合适的位置，把飞机切换到手动飞行状态，把平衡仪打到合适的位置。

4.发出吱吱的来回定位调整响声

有的舵机无滞环调节功能，控制死区范围调得小，只要输入信号和反馈信号老是波动，它们的差值超出控制死区，舵机就发出信号驱动电机。另外，没有滞环调节功能，如果舵机齿轮组机械精度差，齿虚位大，带动反馈电位器的旋转步就已超出控制死区范围，那舵机必将调整不停。

第五章
收获机械使用与维修

一、小型稻麦联合收割机

（一）小型稻麦联合收割机的使用

小型稻麦联合收割机能一次完成收割、脱粒、清选、割茬和袋装的作业全过程。该机操作轻便灵活，维护保养方便、清选机构简单实用，具有含杂率低、损失率小、功效高的特点（图5-1）。

按喂入方式可分为全喂入式和半喂入两种。全喂入是将作物的穗头和茎秆全部喂入脱粒机滚筒内；半喂入只是将作物穗头部分喂入脱粒机滚筒内，茎秆大部

图5-1　半喂入式联合收割机收割水稻

分在脱粒机外排出。下面以半喂入式联合收割机为例。

在操作收割机时应注意以下几点。

（1）收割前准备：检查收割机各个部件是否完好。

（2）将机器驶入田地，然后将分草杆拉到作业位置，放下接粮台，将粮食排出闸板拉到"开"位置，接粮袋挂钩上挂好粮袋，将机器开到田埂垂直位置。

（3）调试机器：送尘调节手柄扳到"标准"位置，副变速手柄根据作物的条件，选择扳到"高速"或"低速"的位置，排草手柄放到"切草"或"排草"位置。

（4）降下割台，使分禾器的前端下降到离田地表面5～10厘米的地方。

（5）将脱粒离合器和割取离合器手柄扳到"结合"的位置。

（6）将主变速手柄慢慢向前推，使机器开始收割。

（7）当作物开始进入喂入口后，操作脱粒深度手动调节开关，使穗头处于脱粒深度指示标志的位置。

（8）作物全部收割完后，将割取离合器手柄扳到"分离"的位置。

（9）等到出粮口不再出粮后，将脱粒离合器手柄扳到"分离"位置。

（10）检查机器各部件开关是否关好。

（11）减小油门，发动机熄火。

（12）将收割机驶回置放点并进行一定的检查与维护。

（二）小型稻麦联合收割机的保养

小型稻麦联合收割机的保养包括日常保养、定期保养和入库保管。

对连接处的杂物要清洗干净、做好润滑或注油密封，如有易生锈的部位油漆剥落导致裸露，需要及时涂漆防锈。如果是橡胶的皮带，则要擦净晾干，防止虫鼠为害。金属链条可用煤油或柴油清洗，然后放到机油中浸煮15～40分钟，或者是浸泡一夜，取出晾到不滴油时涂上软化油，再用牛皮纸包好放置在干燥通风处，以免霉烂变形。

收割机上还有一些是橡胶和塑胶制品，它们受到日照后极易老化变质，弹性较差，影响来年的使用。在保管这些制品时，最好用石蜡油涂在其表面，然后放置在不受阳光直射的通风干燥处。塑胶制品和弹簧等物会因长期受压力或保管不当而变形，因此要把弹簧放松，把传送带之类拆卸，单独存放。

另外，有些随机用的器具，特别是专用工具和各种备用件，需要单独存放，用完后放到原处，以免乱放造成丢失。

二、玉米收获机

玉米收获机是在玉米成熟时用机械对玉米一次性完成摘穗、剥皮、集堆、脱粒和茎秆粉碎还田、除草等多项作业的农机具（图5-2）。

图5-2 玉米收获机

（一）玉米收获机使用前的准备

（1）工作人员要仔细阅读说明书，燃油、冷却水和润滑油在工作之前必须加满。

（2）严格按照使用说明书对机具进行班次保养，润滑油要加满，检查各紧固件、传动件等不能松动、脱落，检查各部位间隙、距离、松紧是否符合要求等。

（3）清洗拖拉机散热器。避免工作时杂物过多堵塞机器影响散热，散热器应经常清洗。

（4）清洗空气滤清器。空气滤清器也容易被杂物堵塞，会造成机器功率下降、冒黑烟，严重时机器会启动困难、运行中自动熄火。因此，勤清洗空气滤清器十分必要，也可另外准备滤网，每4～6小时清洗一次。

（5）查看各个焊接点是否出现裂缝、变形，易损件重点查看，秸秆切碎器锤爪、传动带、各部链条、齿轮、钢丝绳等有无严重磨损，逐一排除隐患。

（6）作业前需启动发动机，看升降悬挂系统是否正常，检查好各操纵机构、指示标志、照明及转向系统。接合动力，轻轻松开离合器，检查机组各工作部件是否正常，有无异常响声等。

（二）玉米收获机使用方法及注意事项

1.作业时应注意的事项

（1）玉米收获机作业前应平稳结合工作部件离合器，油门由小到大，到稳定额定转速时，方可开始收获作业。

（2）玉米收获机田间作业时，要定期检查切割粉碎质量和留茬高度，根据情况随时调整割台高度。

（3）根据抛落到地上的籽粒数量来检查摘穗装置的工作，籽粒的损失量不应超过玉米籽粒总量的0.5%，当损失大时应检查摘穗板之间的工作缝隙是否正确。

（4）应适当中断玉米收获机工作1～2分钟，让工作部件空运转，以便从工作部件中排出所有玉米穗、籽粒等余留物，不允许工作部件堵塞。当工作部件堵塞时，应及时停机清除堵塞物，否则将会导致玉米收获机摩擦加大，零部件损坏。

（5）当玉米收获机转弯或者沿玉米行作业遇有水洼时，应把割台升高到运输位置，在有水沟的田间作业时，玉米收获机只能沿着水沟方向作业。

2. 作业试运转

在最初工作30小时内，建议收获机的速度比正常速度低20%～25%，正常作业速度可按说明书推荐的工作速度进行。试运转结束后，要彻底检查各部件的装配紧固程度、总成调整正确性、电气设备的工作状态等。更换所有减速器、闭合齿轮箱的润滑油。

3. 空载试运转

（1）分离发动机离合器，变速杆放在空挡位置。

（2）启动发动机，在低速时接合离合器。待所有工作部件和各种机构运转正常时，逐渐加大发动机转速，一直到额定转速为止，然后使收获机在额定转速下运转。

（3）运转时，进行下列各项检查：顺序操作液压系统的手柄，检查液压系统工作情况，液压管路和液压件的密封情况；检查收获机（行驶中）制动情况。每经20分钟运转后，分离一次发动机离合器，检查轴承是否过热及皮带、链条的传动情况，各连接部位的紧固情况。用所有的挡位依次接合工作部件时，对收获机进行试运转，运行时注意各部分情况。玉米收获机就地空试时间不少于3小时，行驶空试时间不少于1小时。

（三）玉米收获机的常见故障与排除

1.摘穗辊堵塞

故障原因：田间杂草异常多；切草刀间隙大；摘穗辊间隙太小；前进速度不适当；拨禾链不转；摘穗齿、轮箱安全弹簧弹力不强。

排除方法：① 清除田间杂草或拾草割台；② 调整切草刀间隙；③ 调整摘穗辊间隙；④ 改变工作挡位；⑤ 排除拨禾链不转故障；⑥ 调整安全弹簧压力。

2.拨禾链不转

故障原因：拨禾器触地；拨禾器滚链；被杂草卡住；拨禾链太松、挂住拖链板。

排除方法：① 避免触地；② 更换机件；③ 清除杂草；④ 调整拨禾链张紧度。

3.切碎器主轴承温升过高

故障原因：缺油或油失效；三角带过紧；轴承损坏。

排除方法：① 轴承注油；② 调整拨禾链张紧度；③ 调换轴承。

4.升运器链条不转

故障原因：链条脱落及两轴、轮损坏；升运器内有杂物。

排除方法：① 调整或更换；② 清除杂物。

5.秸秆粉碎质量不好

故障原因：行距不合要求；传动带过松打滑；前进速度

太快及地面不平；锤爪严重磨损。

排除方法：①改进行驶操作；②调紧传动带；③放慢前进速度；④更换锤爪。

6. 变速箱有杂音

故障原因：齿轮侧隙不合适；齿轮或轴承损坏；缺油。

排除方法：①调整侧隙为0.15～0.35毫米；②更换齿轮或轴承；③加油。

7. 切碎器三角带磨损严重

故障原因：三角带长度不一致；三角带松紧度不当；摘辊间隙大。

排除方法：①调换三角带；②调整松紧度；③调整间隙。

三、采棉机

采棉机主要由采棉头、自走底盘、液压系统、驾驶室操作系统、风力输棉系统、棉箱、电子系统、淋润系统等构成（图5-3）。

图5-3 采棉机

（一）采棉机的调整

采棉机的调整以五行为例，采头左面两组、右面三组，分别挂在采棉机前的大梁上，左右采头在工作过程中高度随地面的高低自动仿形。每组采头有两组采摘机构前后排列。提高了棉花的采净率，每个采头装有报警装置，驾驶员可以在驾驶室的监控系统及时发现有故障的采棉头以及部位，做到及时停机排除。

1. 采棉头倾斜度的调节

通过调整采棉头两侧的吊臂长度，使机器作业时前部滚筒比后面滚筒低19毫米，这使得摘锭接触更多的棉花并使杂物从采棉头底部流出去。吊臂长度为销对销距离584毫米，两个提升框架应调整一致，倾斜度调整应在棉行内进行。

2. 压紧板间隙的调节

通过调节压力板的螺母调节压力板和摘锭尖端之间的间距，为3~6毫米，通过实践应调整到压力板和摘锭尖端间隙为2毫米左右为好，间隙过大，会漏棉花；间隙过小，摘锭会在压力板上划出深槽，损坏部件。甚至摘锭与压紧板的摩擦会产生火花，成为机器着火的隐患。此间隙应经常检查调整。

3. 压力板弹簧张力的调节

通过调整调节板与支架上圆孔的相对位置来实现，从旋转调节板直到弹簧正好刚刚接触到压力板上开始，前采棉头调整为继续旋转调节板3个孔，后采棉头调整为4个孔，与支架上固定的孔对齐，插入凸缘螺钉，也可调整为前4后4。调整时应先调整后采棉头上的压力板，只有在有必要时才拧紧前采棉头上的压力板。弹簧压力过小，采摘的棉花杂质少，但遗留棉花增加；压力过大，采净率提高，但棉花杂质增加，且增加机件磨损，应根据棉化长势具体调节。

4. 脱棉盘组高度的调节

调整采棉滚筒的位置，直到滚筒上的一排摘锭与底盘上的狭槽排成一条直线，此时用手摆动脱棉盘组与摘锭之间的摩擦阻力，它们之间有一点轻微阻力为准。间隙不合适时，可松开脱棉盘柱上的锁紧螺母，调节脱棉盘柱上的调节螺栓，逆时针转动，间隙变大，阻力小；反之，间隙变小，阻力增大。在作业过程中应根据摘锭的缠绕情况进行调整。间隙过大时，脱棉不彻底，摘锭上缠绕物增多，易堵摘锭；间隙过小时，会增加脱棉盘与摘锭的磨损，增加传动阻力。

5. 湿润器柱位置与高度的调节

位置调节：湿润器的位置应使摘锭脱离湿润盘时，湿润器衬垫的第一翼片刚好接触摘锭防尘护圈的前边沿，顶部和底部的湿润器衬垫应调整成一样。

调整旋转滚筒：使摘锭调整到刚脱离湿润器衬垫，松开顶部和底部门的插销螺钉，向内或向外移动湿润器门直到每一个衬垫的第一个翼片在相应的防尘护圈的中间对齐，随后拧紧湿润器门锁紧螺钉。

高度调节：当摘锭刚刚穿过湿润器盘的下面，所有的翼片应稍微弯曲，对于新的湿润器垫，靠近防尘护圈的翼片应比靠近摘锭顶部的翼片弯曲得多一些。调整时松开锁紧螺母，顺时针转动湿润柱高度调节螺钉以抬高湿润柱；逆时针旋转以降低湿润柱；最后拧紧锁紧螺母。

（二）进地前的准备

机械采棉前的基本要求：棉花脱叶率达到85%以上，吐絮率达到95%以上，即可进行机械采收。

对于地膜覆盖种植的棉花，采前地膜不揭干净时，机器采摘时残膜容易混入棉花，污染棉花。所以采前必须揭净残膜。在滴灌技术大规模使用的今天，生育期已不能揭膜，机采时就必须压好膜，回收滴灌带时，必须一次性清理干净，防止滴灌带进入采棉机损坏机器，否则等棉花采摘后再回收。

机采棉田在机采前应及时清除杂草及有碍正常采棉的杂物，地膜及滴灌带不能挂在棉株上。两边地头棉花需人工采摘15米左右，及时填平棉田里的沟或坑，清平埂子，以保证采棉机的采摘质量和安全。

（三）机械采棉

采棉机的行走速度应根据棉花的高矮、疏密及地面情况及时调整，一般控制在2.5～3.5英里/小时。当遇到低矮棉花（株高低于50厘米）时，作业速度要放慢，速度不能超过2.4英里/小时。如果速度过快，下部棉花很容易漏采。机器出现故障应及时停车，倒车时应先分离采棉头，否则采棉头将倒转，损坏机件。排除传动部位故障，应在熄火时进行，非工作人员禁止上采棉机。采棉机上必须配备四个以上有效的干粉灭火器。

采棉机卸棉时应在平地上进行，卸棉时严禁行走，避开空中的电线及有碍安全的部件，在有风的状态下应在下风口卸棉。卸棉时要听从指挥，采棉机在工作过程中，驾驶人员应严格按照使用手册的要求，及时清理采棉头、机具内外围防尘系统等部位的杂质和灰尘。

（四）采棉机的维护保养

1. 维护采棉摘锭和水刷盘

（1）摘锭的润滑。

采棉时，摘锭高速旋转，雾化器在水刷盘的上方不断喷出清洁剂和水混合的湿润清洁液，液体通过水刷盘清洁润滑，快速清除作物的污垢，清洁每一个摘锭，并且使摘锭保持光滑。

（2）清洁摘锭和水刷盘。

经过一天的采摘，摘锭和水刷盘上会挂满田间杂物、污物。每日保养时必须打开压力板，清除和清洗摘锭和水刷盘。清洁时，保证有足够的水压，使雾化器喷淋摘锭和水刷盘。如果污染物过多，可以不经过采棉头的雾化器，驾驶人员进入驾驶室，踩下大水冲洗开关，使用润湿器冲洗系统，直接清洗摘锭。

2. 检查润湿器柱高度

经常检查湿润器水刷盘的磨损程度，如果磨损程度太大，就需要垂直调整湿润器柱。用扳手松开锁紧螺母，再顺时针转动调节螺钉，以提高湿润器柱的高度，逆时针旋转以降低湿润器柱的高度，调节湿润器柱高度时应防止锁紧螺母旋转。调整的目的是：使每一个湿润器水刷盘衬垫的所有翼片，都刚好接触到摘锭。高度调整完毕后，将门锁闭。

3. 采棉头加注润滑油

在驾驶室（舱）将采棉机发动，使其处于怠速状态，结合润滑开关，采棉头结合手柄推到工作位置，将液压手柄放在注油工作位置上，这时就可以下车到任意一个采棉头前取出注油手动按钮盒，按下按钮，这时润滑泵开始工作。给采棉头注油，注油同时采棉头也开始空运转，这样就可以很方便观察到采棉头的摘锭杆有没有出油。采棉头的摘锭杆一定要出油才可以下地工作。采棉机上一共有186处润滑点，下地前可以按照说明书上的润滑时间来给采棉机注油润滑。

4. 检查油位

每日下地前要检查油位，日常检查油位是日常维护最重要的工作，做到及时加油。

第一，冷机查看机油油位。从发动机上拔出检查机油位的标尺，标尺上面有两个刻线，油位不低于下刻线、不超过上刻线就好，标准油位应该在两个刻线中间为最好。

第二，查看柴油油位。柴油的油位，以驾驶室（舱）油表指针不低过红线为准。

第三，查看液压油油位。在液压油箱上有个油标，油位保持在油标的2/3处就可以了。

第四，查看冷却液液位，冷却液液位，应该保持在冷却液水箱的2/3处。

5. 水箱加水

每天下地前，检查水箱，看水是否足够一天的工作需要。如不够就应该适时加水。

检查和清洁脱棉滚筒、采棉滚筒、吸入门的里面，清洁采棉头的内部，清洁机器两边散热挡板的外表。按照严格的要求，每卸载3次棉，就清洁1次为最好。

四、马铃薯收获机

马铃薯收获机（图5-4）是由轮式拖拉机配套，一次进地可完成挖掘、分离升运和放铺作业，由于机械收获马铃薯工作效率高，可大幅度缩短收获期，防止早期霜冻的危害，减少收获损失，还可以减轻劳动强度。

图5-4 马铃薯收获机

（一）马铃薯收获机的使用

马铃薯一般在9月初开始收获，也就是当马铃薯茎叶大部分枯黄，并容易与植株茎分离时，选择土壤不潮湿、天气晴朗的日子开始收获。马铃薯收获分为割秧和挖掘两部分。

1.割秧

马铃薯在收获前一周左右时间，用马铃薯茎叶切碎机对马铃薯进行茎叶切碎，切碎后的茎叶直接还田。割秧的目的，一是促使马铃薯的嫩皮老化变硬，以减少挖掘时对表皮的损坏；二是减少挖掘作业时薯秧和杂草进入振动筛上，造成拖堆堵塞，保证收获作业的顺利进行；三是防止茎叶部分的病害向薯块的传播；四是茎叶还田，增加土壤有机质含量，提高土壤肥力。

马铃薯茎叶切碎机由悬挂机构、齿轮箱、壳体、张紧装置、地轮、刀轴、挡帘、支承脚、万向节等部分组成。马铃薯茎叶切碎机与拖拉机的连接是通过拖拉机动力输出轴与马铃薯茎叶切碎机上的万向传动轴相链接，拖拉机动力输出轴传出的动力通过万向传动轴驱动割秧刀旋转，将薯秧打碎，打碎的薯秧被均匀地抛撒在田间，在马铃薯挖掘机挖掘的过程中与土壤混合，增加了土壤有机质，培肥了地力。马铃薯切碎机与拖拉机连接时，先把拖拉机传动轴装上，再将马铃薯茎叶切碎机按照三点悬挂方式挂接在拖拉机上。

作业前要调整好割秧刀与地面的距离，距离不能过大或过小，距离过大，薯秧如果不能全部打碎，留着的薯秧就会进入振动筛上，影响薯块的分离；距离过小，结在土壤上部的马铃薯就容易碰伤。调整的方法是调整地轮的高度，降低地轮高度，割秧刀离地面的距离就小；升高地轮高度，割秧刀离地面的距离就大。一次割四垄秧的马铃薯茎叶切碎机，作业时拖拉机左侧车轮应走在第一垄与第二垄的垄沟，右侧车轮应走在第三垄与第四垄的垄沟。作业中速度不能过快，要以中等速度匀速前进，拖拉机要顺垄沟直线行走，不能压坏垄台，以免损伤马铃薯和给挖掘造成影响。

2. 挖掘

在对马铃薯茎叶切碎作业后一周左右开始挖掘作业。马铃薯挖掘机由机架、挖掘机构、分离机构、变速箱、动力传动机构和行走装置等部分组成。机架主要用于联结各类工作部件；挖掘结构主要由铲式挖掘刀和支承架等组成，在机器前进过程中靠拖拉机牵引行走完成切土、挖掘作业；分离机构采用振动筛体式分离机构，作业过程中当马铃薯进入筛体上时，由于筛体的上下和前后的振动，将马铃薯与土壤、残余薯秧、杂草等分离开来，并将薯块成条状抛撒在垄面上；变速箱及动力传动机构主要由变速箱、传动齿轮、离合拨叉等组成；工作时，拖拉机通过后输出轴将动力传递给变速箱，变速箱将动力垂直变向后，经传动齿轮传给各工作部件。拖拉机通过后悬挂架与马铃薯挖掘机挂接，拖拉机的动力输出轴将动力通过挖掘机的万向节传动轴传递给振动筛和输出部分，拖拉机牵引挖掘机前进时，挖掘铲将马铃薯挖掘出来，经传动装置将马铃薯送到振动筛上，经振动筛将土和杂物筛去，干净的马铃薯成条状滚落到地面。

马铃薯挖掘机作业要注意安全，作业前要将机具调整到正常工作状态，拖拉机启动时要向在场人员发出警示信号，不准非工作人员靠近机具。机具作业时，需要一人开拖拉机，一人在后面跟踪观察机具各部位的运转情况及作业状态，如发现螺栓等松动应及时停车紧固，如有杂物堵塞，应立刻停车排除。

挖掘机的作业质量是机械收获的关键，应随时检查调整。根据作业情况随时调整挖掘深度，挖掘铲入土过浅，容易损伤薯块，也起不干净；挖掘铲入土过深，不但增加拖拉机的工作负荷，也使马铃薯与泥土难以分离清楚，马铃薯容易埋在土里丢失。调整左右两侧托轮的高度，可以改变挖掘深度；改变挖掘铲两端固定螺钉的位置，可以改变挖掘铲的入土角度，使之获得更好的收获效果。收获中应随时防止拖拉机跑偏，避免车轮走上垄台，碾压薯块，或起半垄的情况发生。

作业到地头后，应对振动筛进行清理，将振动筛上杂物和挖掘铲上的泥土清理干净。清理机具时应将机具停放在地面，不允许挖掘机在悬起的状态下清理机具和排除故障。马铃薯收获后应根据天气情况晾晒20～30分钟，按马铃薯的大小，由人工分拣，装入不同的袋子中，并及时从田间运走，防止夜间冻伤。

（二）马铃薯挖掘机故障排除

1. 振动筛幅度变慢

原因是齿轮损坏或振动机构故障，应检查变速箱、紧固振动筛各机构，并予以排除。

2. 机器作业中伤薯率过大

主要是铲土刀入土深度过浅，应调整入土深度。

第六章
农产品加工机械使用与维修

一、碾米机

碾米机主要用来将稻谷加工成白米，也可用于高粱、谷子的脱壳碾白和玉米的脱皮、破碎等杂粮的加工。

（一）碾米机的类型

碾米机按其结构不同，可分为铁辊式碾米机、金钢砂辊式碾米机和铁筋砂辊式碾米机三种。

按辊筒位置不同，可分为卧式碾米机和立式碾米机两种。其中卧式铁辊碾米机应用较普遍。

1. 卧式铁辊碾米机

卧式铁辊碾米机是压力式碾米机，属于低速重碾机型，它主要由进料部分、碾白部分、传动部分和机架等组成。如图6-1所示。

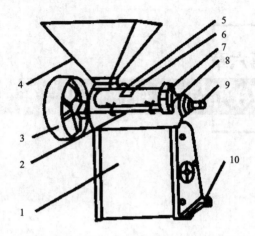

1-方箱；2-米刀；3-皮带轮；4-加料斗；5-进料调节板；6-上盖；
7-出料调节板；8-出料口；9-主轴辊筒；10-机座

图6-1　卧式铁辊碾米机

进料部分由加料斗、进料调节板等组成，主要用于盛放谷物和控制进入碾白室的谷物量。

碾白部分由上盖、主轴辊筒、米刀、米筛、出料口、出料调节板、方箱等组成，其作用是将稻谷碾白，并将米糠分离。

传动部分由皮带轮和皮带组成，用于传递动力。

机架是整个机器的骨架，它由左右墙板、拉紧螺栓、前遮板和出糠板等组成。

工作时，稻谷由进料斗进入机内，在旋转辊筒的螺旋推进作用下，边转动边前进。谷粒在行进过程中，由于碾白室容积逐渐缩小，谷粒间的密度逐渐加大，挤压力和摩擦力逐渐加强。这样，在辊筒、上盖、米刀、米筛和谷粒的综合作用下，达到剥壳、去皮、碾白的效果。碾白后的米粒由出米口排出，糠屑经米筛孔排出。

2. 立式砂辊碾米机

立式砂辊碾米机属于快速轻碾机型，适于北方地区高粱、谷子、玉米、大麦等杂粮加工。与铁辊碾米机相比，其结构较复杂，制造成本高，使用、操作、维护的要求也较高，但碎米率低、耗电量少，且一机多用。

立式砂辊碾米机主要由进料、碾白和除糠三大部分组成。碾白部分是碾米机的重要部件，由拨粮翘、砂辊、粮筛、排米翘、调节手轮、阻刀、出口闸板、出米嘴等组成。砂辊和粮筛组成的空间称为"碾白室"，它们之间的距离称为"碾白间隙"，可通过砂辊的轴向转动来调节。

除糠部分由风扇、除糠器、风量调节板、出粮口等组成。除糠器在风扇作用下产生负压，可将米流中的糠屑吸走。

工作时，原料由进料斗经进料闸板进入碾白室，在砂辊的高速切削作用下，把谷粒的皮层剥落并进行碾白。物料的碾白精度由拨粮翘、阻刀、进料闸板配合碾白室空隙和机器的转速来控制。经过研磨切削的米粒从出米嘴排出机外。

原粮在碾白过程中脱下的壳和糠，部分通过碾白室外围的糠筛筛孔排出；剩余部分随米粒从出米嘴排出时，被气流吸走。这两部分分离出的壳和糠，一起由风机吹送出机外。一般根据原粮情况和碾白要求，需加工2～4遍，才可把谷物的壳皮全部磨净。

（二）碾米机的使用与调整

1. 安装

碾米机一般安装在水泥基座上，若工作地点经常变动，可把碾米机和动力机安装在牢固的木制或金属框架上。底脚基面必须水平，安装高度以方便操作为宜。碾米机与动力机的皮带轮的轴心线必须平行，并使两个皮带轮的中心线在同一平面内，以防皮带脱落，其中心距按规定而定。立式砂辊碾米机底平面还应与基座密封，以防漏风，影响除糠效果。

碾米机安装后还要进行检查。以横式铁辊碾米机为例，检查内容如下。

（1）辊筒的安装情况。两节辊筒的连接端应在砂轮上磨平，齿应对齐（若无法对齐，其齿突出方向应顺着稻谷流动方向），两辊中部与轴固定的链不应松动。两端的闷盖螺母应旋紧，并与辊筒外缘平齐。辊筒装在机箱内，与出口端靠紧，最大间隙不超过2毫米，防止米粒嵌进，造成碎米。

（2）米筛的安装情况。压紧米筛用的压条应紧贴机箱，并与机箱平齐。压条上的埋头螺钉应埋在压条内，与压条平齐。米筛插入压条时，先插进口端的一块，然后再插出口端的一块，两块米筛顺米流方向搭接好后，用筛托顶住旋紧。两块米筛安装要平直，不应有中间高两头低或两头高中间低的现象，米筛与压条间不应有缝隙。

（3）米机盖与机箱两端轴承处的密封情况。密封处应用毛毡或石棉绳填好，以防漏米。

2. 调整

（1）辊筒转速的调整。头道碾米需要的压力大，转速应低些；二三道碾米需要的压力小，转速稍快；对谷粒水分大或粉质米粒，转速应慢些。另外，适当降低速度可以减少动力消耗，降低作业成本。

（2）进出口闸板的开度调整。进出口闸板的开度有调节碾米机流量、控制碾米机内部压力的作用。若进口闸板开度大而出口闸板开度不相应开大，则破壳和碾白效果提高，但动力消耗增大；若进口闸板开度过大或出口闸板开度过小，均会造成碾米机堵塞，产生碎米。实际操作时，一般用进口闸板适当控制流量，用出口闸板控制碾米机内部的压力，以达到精度要求。

（3）米刀的调整。米刀与辊筒之间的间隙大小会影响碾白效果及碎米率。一般米刀都倾斜安装，在入口端米刀与辊的间隙为2~3毫米，出口端为3~5毫米。

米刀的调整应根据谷粒的大小进行，一般先调进口闸板，用出口闸板调节碾白精度，如不能达到要求，再调节米刀，然后复查进口闸板开度，看能否再提高流量。经调整达到要求后，再拧紧固定螺钉。

（4）米筛的调整。米筛与辊筒的间隙与碾米机的结构有关，其间隙一般在8~14毫米。间隙太小，则米碎、负荷轻、机件磨损大；间隙太大，则负荷重、含谷量多，容易卡死辊筒，造成事故。

3. 操作注意事项

（1）原料加工前，必须经过清选，防止杂物进入机内造成损坏。

（2）开机前，应检查各连接件是否牢固，各转动部件和调节件是否灵活、可靠等。

（3）开机后，先空转2~3分钟，待机器运转平稳后，再逐渐打开进料闸板和出料闸板。当出粮质量和白度符合要求时，即可固定调节板。

（4）碾米作业时，应特别注意安全。操作者站在进料斗前加料，身体要远离皮带轮和皮带，以免发生事故。发现机器有异常响声或轴承温度突然升高时，应立即停机，查明原因，排除故障后再继续工作。

（5）停机前，应先把进料口闸板关闭，使碾白室内的粮食全部排出机体后才能停机。

（三）碾米机的常见故障与排除

1. 产量下降

产生原因：碾白室压力调节不当；转速过低；辊筒磨损；进出口闸门开度不合适；原粮太湿。

排除方法：调整好碾白室压力；保证主轴达到额定转速；更换磨损严重的辊筒；重新调节进出口闸门的开度；干燥原粮。

2. 成品米中含谷增多

产生原因：碾白室压力不足；米刀磨损或间隙过大；机盖进料段磨损严重；原粮太湿。

排除方法：调节进口闸门或米刀；将米刀调头、调面；更换机盖；干燥原粮。

3. 米糠分离不清

产生原因：风机转速太低，风量小；风机皮带打滑；风机叶轮磨损；原粮太湿；振动杠杆出故障；振动筛出故障。

排除方法：调节风量调节板，加大风量；调紧风机皮带轮，消除皮带打滑；更换风机叶轮，保证风量；干燥原粮；检查振动杠杆及拉力弹簧是否脱落，振动滚轮与转轮是否分离，并适当调节距离；检查振动筛是否脱落。

4. 碎米多

产生原因：米刀与辊筒间隙过小，出口闸门开度过小或出口积糠堵塞；辊筒转速过高或过低；原粮太干或太湿；米筛安装不当。

排除方法：调节米刀与辊筒间隙和出口闸门的开度，清理积糠；重新调节辊筒转速；对原粮喷少量水或将其干燥；调整米筛，并保证安装正确。

5. 轴承发热

产生原因：润滑油不足或不清洁；滚珠轴承损坏；皮带太紧。

排除方法：加足清洁润滑油；更换损坏轴承；调节皮带张紧度。

6. 米机振动过大

产生原因：米机墙板、拉杆松动，或机箱轴承座松动，地脚螺丝松动；辊筒与皮带轮不平衡。

排除方法：紧固好地脚螺丝和轴承座；对皮带轮和辊筒进行平衡校正。

二、磨粉机

磨粉机主要用来加工小麦、玉米，对磨粉机的要求是研磨质量要好，工效要高，功耗要少，研磨后物料温升要低，通用性好，安全可靠，操作和维修方便。

（一）磨粉机的类型

一般常用的磨粉机有盘式、辊式和锥式三种。它们的工作原理都是利用挤压和研磨，把小麦等碾成粉状，然后再用细筛把面粉和麸皮分开。

1. 盘式磨粉机

盘式磨粉机又叫钢磨。它结构简单、使用方便、价格低廉又能加工多种粮食作物，是目前广泛使用的一种磨粉机具。

盘式磨粉机主要由喂入、磨粉、筛粉、传动和机架五部分组成。

磨粉部分是磨粉机的主要组成部分，由粉碎齿轮、粉碎齿套、动磨片、静磨片、风扇、主轴、磨片间隙调节机构和机座等组成。机座内镶有粉碎齿套，其大端靠静磨片压紧。静磨片用方帽螺栓紧固在机座内腔壁上。粉碎齿轮用销轴与动磨片连接在一起，动磨片背面又用螺栓与风扇连接起来。粉碎齿轮、动磨片和风扇三者都套在主轴上，并通过横销与主轴连接成一体，成为主要转动部件。

动、静磨片由冷铸法制成，两磨片上都有不同的磨齿，用来磨碎物料。磨片表面为白口铁，坚硬耐磨。动、静磨片是两个尺寸和形状均相同的零件。动、静磨片若严重磨损，使生产率降低时，应对调动、静磨片的相互位置或更换新动、静磨片。新磨片应规整光洁。

粉碎齿轮和齿套起初步粉碎、研磨作用。粉碎齿套嵌在机座内壁内，粉碎齿轮与动磨片固定在一起回转。粉碎齿轮、齿套一般是铸铁件。当磨损严重、明显影响生产率时，要更换新的粉碎齿轮、齿套。

筛粉部分由箱体、绢筛、盖板、风叶等组成，箱体底部装有出麸斗和出粉斗。箱体呈封闭式，以防工作时粉尘飞扬。

绢筛用于控制面粉的粗细度，绢筛也是磨粉机的主要易损件。经过长期使用，绢筛若严重磨损，出现大洞、破口时，应更换新绢筛；若是一般撞破、小破口，可以修补继续使用。

盘式磨粉机的工作过程：物料由进料斗慢慢流入粉碎齿轮和粉碎齿套之间初步粉碎，然后在动磨片与静磨片之间受到磨片的压力，以及两磨片间的速度差所造成的剪切和研磨，物料被挤压、剪切和研磨后成为细粉进入筛粉部分筛选，面粉通过绢筛孔落入料斗内，麸皮则由风叶输送到出麸斗。

2. 辊式磨粉机

辊式磨粉机具有磨粉质量好、物料温升低、研磨时间短、产量高、功耗低和操作简便等优点。辊式磨粉机主要由磨粉、筛粉、传动和机架四部分组成。

磨粉部分由进料斗、流量调节机构、快慢磨辊、磨辊间距调节机构和机体等组成。流量调节机构与磨辊间距调节机构之间是联动的。

筛粉部分有平筛和圆筛两种类型。平筛是由若干不同筛孔的木质筛格叠合而成，采用振动式筛粉原理；圆筛采用回转式筛粉原理。

辊式磨粉机的工作过程为，物料由进料斗通过流量调节板流到慢辊上，再由慢辊把物料喂入快辊和慢辊之间。辊面有一定角度的细密齿，研磨能力较强，加上快慢辊的相对转速不同而产生的剪切作用，使物料被磨成粉状经出料斗进入圆筛。细粉在风力和毛刷作用下，经筛网由出粉口流出。麸渣由圆筛一端的出麸口流出，并由人工再次放入进料斗继续进行研磨。一般小麦重复磨4～5遍即可磨净。

3. 锥式磨粉机

锥式磨粉机的构造与盘式磨粉机相似，它们的差别一个是圆锥形磨头，一个是圆盘形磨头。它是能加工小麦、玉米等多种粮食的小型磨粉机。

锥式磨粉机主要由进料斗、磨粉部分、筛粉部分和机体组成。锥式磨粉机工作时，物料慢慢流入机体内，并由推进器将物料送入两个磨头的间隙里，一方面受磨头的挤压而粉碎；另一方面由于两个磨头转速不同而使物料在两个磨头之间反复挤压、剪切和研磨，研磨后的物料流入筛粉箱内进行筛选，细粉在叶轮风力的作用下，通过绢筛孔进入集粉斗内，麸皮则由风叶送到出麸口。

（二）磨粉机的使用

1. 盘式磨粉机的使用

（1）操作手开机后，首先要听机器内部是否有不正常声音，若有异常声音，应立即停机检查。

（2）机器运转正常后，应先将进料斗底部的插板关好，才可以往进料斗装物料。新磨粉机应选用几千克麸皮试磨1~2遍再磨粮食。

（3）一面调节手轮，一面慢慢打开进料斗插板。磨第一遍时，插板不能全部拉开，应开10~15毫米，否则易使机器发生闷车，打破绢筛。

（4）在磨粉过程中，进料斗要连续不断地进料，否则，由于机器空磨而使两磨片严重磨耗。

（5）加工原粮应本着先粗后细的原则，逐渐调节两磨片的间距，并随着研磨遍数的增加，逐渐开大进料斗插板。加工小麦时，第一遍出粉率30%，第二遍出粉率25%，第三遍出粉率15%，第四遍出粉率8%，第五遍出粉率4%，第六遍出粉率3%。

（6）停磨前应立即退回调节丝杆，使动、静磨片及时脱开，以免两磨片直接接触磨擦。每次磨粉结束时，应让机器空转2~3分钟，使圆筛内的余料清理干净。

2. 辊式磨粉机的使用

（1）开机前。

① 检查各部紧固情况，皮带松紧度，安全防护装置的可靠性。

② 对磨辊和圆筛部分的轴承和磨辊轴端的传动齿轮加注润滑油。

③ 检查磨辊间距是否一致。

④ 原粮必须经清理和水润（含水量13%～14%为宜）才能加工。

（2）开机后。

① 开动机器空运转（此时严禁将磨辊推到工作位置）3分钟，观察机器是否有振动和不正常响声。

② 将原料加入进料斗后，缓慢推动流量调节手柄至工作位置。

③ 观察喂料情况及磨辊破碎情况，分别调节流量和微量两个手轮，使磨粉机投入正常加工状态。

④ 磨粉结束后，使圆筛继续工作几分钟，以免面粉和麸渣存积在圆筛内，同时打开两扇磨门和磨窗进行通风，让机内热气散出。

⑤ 停机后应清除机器内外的麸粉，检查鹅翎刷和猪鬃刷是否完好，检查绢筛是否松动和完好。

3. 锥式磨粉机的使用

（1）使用操作。

① 开机前应关闭进料斗底部的插板，进料斗盛好待磨的粮食，磨头调到最大间隙位置。

② 锥磨平稳转动后，即用手转动调节手轮，当听到两磨头间有轻微摩擦声时，<u>应立即拉开进料斗底部的插板到适当位置</u>。

③ 磨头工作间隙的调整：喂入量的多少，应与磨头的工作间隙配合来决定。喂入量多，会发生闷车，坠坏筛底；喂入量少，会加速磨头的磨损，降低产量。在实际工作中，一般以麸渣的粗细和出粉率来选配磨头的工作间隙和喂入量。磨小麦时，一般第一道出粉率控制在50%左右，以后各道工作间隙逐渐减小，麸渣应逐渐变细，出粉率也一道比一道减少。磨玉米时，磨第一遍出粉率一般控制在30%以下，磨头间隙要调大一些，先粗破碎，第二遍后再与小麦一样操作。

④ 每班工作结束或工作中必须停机时，应首先关闭进料斗底部的插板，并迅速将调节手轮向松开方向旋转，使两磨头迅速脱离，然后将筛内余料清理干净，清扫污物，保持机器清洁、干燥。

（2）注意事项。

① 磨头旋转方向应按机壳所示旋转方向旋转。

② 工作场所应整洁卫生，待磨的粮食应经过清选，使其不含金属、石块等杂物。

③ 粮食含水率应适宜。小麦含水率应为14%~14.5%，其他粮食不需润水，豆类、薯干必须晒干。

④ 进料斗加粮要及时，不允许中断进粮，否则空磨会使磨头磨损，使面粉含铁量增多和温度过高影响质量。

⑤ 禁止在出面口、出麸口结扎面袋，以免影响风力循环，造成散热不良。

⑥ 机器在运转中，不准拆检机器任何部分以免造成人身伤害。如遇不正常现象，应立即停机检查，故障排除后，才能

开机作业。

（三）磨粉机的常见故障与排除

1. 盘式磨粉机的常见故障与排除

（1）产量降低。

故障原因：主轴转速偏低；磨片间隙过小；磨片损坏。

排除方法：调整主轴到额定转速；适当调大磨片间隙；更换磨片。

（2）出面口有麸渣。

故障原因：绢筛有破损或绢框没压紧。

排除方法：修补绢筛或压紧绢框。

（3）麸渣内含面粉多。

故障原因：粮湿糊住绢筛孔；进料流量过大；风叶螺旋角过大。

排除方法：晒干粮食，清扫绢筛，调整好进料流量；适当调整小风叶螺旋角度。

（4）麸渣出得太少。

故障原因：风叶螺旋角过小；叶轮顶丝活动。

排除方法：调整螺旋角度为3°～5°；紧固叶轮顶丝。

（5）面粉温度高。

故障原因：机器超过额定转速，进料过多，负荷过大；两磨片间距过小；原粮太湿。

排除方法：调整机器到额定转速下工作，减少进料流量；适当松开调节手轮，增大两磨片间距；晒干原粮。

（6）轴承转动不灵活，温度升高。

故障原因：轴承有较多粉尘；轴承盖毛毡磨损失效；轴承润滑不良。

排除方法：拆下主轴清洗；更换轴承；加油润滑。

（7）机器振动严重并有杂音。

故障原因：机座不稳固；机器本身螺钉有松动；物料内有杂质；轴承磨损或损坏；动、静磨片不同心；主轴旋转方向不对。

排除方法：紧固机座螺栓和机器各部螺钉；清选物料；更换轴承；调整两磨片同心度；按机盖箭头方向调整主轴旋转方向。

2. 辊式磨粉机的常见故障与排除

（1）生产率达不到要求。

故障原因：① 喂入量太小；② 磨辊间隙不一致；③ 弹簧压力太大，压得过死；④ 圆筛的毛刷及打板与网筛间隙过小或过大；⑤ 筛孔阻塞，效率降低；⑥ 皮带打滑，使磨粉机或圆筛转速降低。

排除方法：① 调节流量板，增加喂入量；② 调整拉杆长度，使磨辊两端间隙一致；③ 正确调整弹簧压力；④ 调整毛刷、打板与筛网的间隙；⑤ 整理筛网，提高过筛效率，或更换筛网；⑥ 调整皮带张紧度。

（2）面粉粗或色泽不白。

故障原因：① 小麦水分偏低；② 筛网过粗或破损；③ 磨辊轧距过紧；④ 磨辊齿角排列不正确；⑤ 磨辊表面硬度不够。

排除方法：① 调整入磨麦水分；② 更换适宜筛网；③ 调松磨辊轧距；④ 磨辊齿角按钝对钝排列；⑤ 更换合格的磨辊。

（3）麸皮含粉过多或出粉率低。

故障原因：① 原粮水分过高；② 研磨遍数不够；③ 磨齿磨钝；④ 筛理不清；⑤ 磨粉机有切丝现象。

排除方法：①调整入磨麦水分；②增加研磨次数；③改变磨辊排列或重新拉丝；④更换适宜的筛网；⑤控制喂入量或采用合理的齿角。

3.锥式磨粉机的常见故障与排除

（1）生产率低。

故障原因：磨头磨损严重；传动皮带太松；原粮潮湿。

排除方法：更换磨头；调整皮带张紧度；晒干原粮。

（2）机器有杂音。

故障原因：粮食内含有杂物；轴承损坏；外磨头松动。

排除方法：清选原粮；更换轴承；紧固外磨头压紧环。

（3）面粉温度过高。

故障原因：喂入量过大；磨头间隙过小；原粮太潮。

排除方法：减少喂入量；调大磨头间隙；晒干粮食。

（4）麸渣内面粉多。

故障原因：粮食太潮，糊住筛孔。

排除方法：晒干粮食，清扫筛孔。

（5）出面口带麸渣。

故障原因：绢筛破漏。

排除方法：修补或更换绢筛。

三、饲料粉碎机

饲料粉碎机主要用来将干草、秸秆和谷粒等粉碎。通过粉碎可以加强畜、禽消化和吸收饲料的能力，提高饲料饲用价值，扩大饲料来源，同时便于后序的加工。

（一）饲料粉碎机的类型

目前，应用广泛的是锤片式和爪式饲料粉碎机。

1. 锤片式粉碎机

利用高速旋转的锤片来击碎饲料。其特点是通用性好、粉碎质量好、对饲料湿度敏感性小、调节粉碎粒度方便、生产率高和使用维修方便，但功率消耗大。

2. 爪式粉碎机

利用固定在转子上的齿爪粉碎饲料，它具有结构紧凑、体积小、重量轻、效率高等优点，但对长纤维饲料不适用。

爪式粉碎机主要由主轴、喂料斗、环形筛、动齿盘和定齿盘等部件组成。动、定齿盘上交错排列着齿爪。齿爪是爪式粉碎机器的主要工作部件，其最佳参数为：动齿爪长度为粉碎室宽的75% ~ 81%；扁齿线速度为80 ~ 85米/秒；扁齿与筛片间隙为18 ~ 20毫米；动、定齿爪间隙为：内圈35 ~ 40毫米，外圈10 ~ 20毫米。

（二）饲料粉碎机的使用

1. 安装

粉碎机一般安装在水泥基座上，也可安装在铁制或木制的机座上，但必须牢固，以防机器工作时产生震动。为了减少震动、冲击和噪声，在机座下面应用橡胶或减震器支承。若由粉碎机的下部出料，基座应高出地面；若用输送风机出料，基座可与地面齐平。粉碎机安装后应做以下检查。

（1）检查零件是否完整和紧固，特别是齿爪、锤片等高速转动的零件必须牢固可靠，锤片销轴上的开口销要牢靠。

（2）检查锤片的排列方式是否符合要求，一般采用交错排列。

（3）检查筛片与筛架及筛道是否贴严，以防漏粉。

（4）检查轴承的润滑油，若发现润滑油硬化变质，应用清洁的柴油或煤油清洗干净，按说明书规定更换新润滑油。

（5）检查粉碎室内有无杂物，用手转动皮带轮，转子应转动灵活。

2. 调节

（1）喂入量的调节。粉碎颗粒饲料时，用进料斗上的闸板控制喂入口大小；粉碎长茎秆饲料时，用人工控制喂入量，可在进料斗前增设进料台，茎秆应均匀散开，用手压住，逐渐喂入，以不超负荷为宜。对于齿爪式粉碎机，喂长茎秆饲料前，应先切短（长约150毫米），然后喂入粉碎。

（2）粉碎粒度调节。粉碎粒度的粗细靠更换不同孔径的筛片来调节。在换装筛子时，筛片和筛托间要贴牢，并保证12毫米左右锤筛间隙；安装新筛片时，应将带毛刷的一面向内，光面向外，以利排粉，否则容易堵塞。

齿爪式粉碎机的两个筛圈要保持平行并上紧，以免漏粉。将筛子装入机体时，应注意筛片接头处的搭接方向，应顺着动齿盘的旋转方向，以防阻塞。

3. 操作要点与注意事项

被加工物料必须经过清选，去除金属、石块等硬杂物，以免损坏机器。加工物料的湿度也要符合要求，一般粉碎干料时，含水量不超过12%～14%；混水粉碎时，应准备适量的水。

用手转动皮带轮，看有无碰撞及摩擦现象，然后空转2～4分钟，检查粉碎机的转向，待机组运转平稳后方可工作。

工作时，操作者衣袖要扎紧，站在机器的侧面，严禁将手靠近喂入口送料。为帮助送料，可用木棍，切忌用铁棍。

机器运转时，操作人员不得离开机组，也不要在运转中拆看粉碎室内部。工具不能放在料堆和机器上，听到机器有异常声音，应立即停车，待机器停稳后再拆开检查，排除故障。

每次停机检查后，应清除粉碎室内的存料，不许在有负荷情况下启动，机器空转平稳后，才可重新填料。

轴承温度过高时（超过55℃），应停机检查，找出原因，排除故障。

用粉碎机打浆时，要不断地加入适量的水。注意不要把水溅到电器部分，更不要用湿手接触电器部分，以免发生触电事故。

每次工作完毕之前，应空转2~3分钟，待机内物料完全排出后，方可停止粉碎机和风机。

（三）饲料粉碎机的常见故障与排除

1. 不粉碎或粉碎效率低

故障原因：转速过低；筛子规格不符；锤片磨损；原料太湿。

排除方法：保证额定转速；更换不合适筛子；更换磨损的锤片；保证原料干燥。

2. 锤片损坏

故障原因：原料中夹杂有金属块或石块。

排除方法：更换损坏的锤片后，清选好原料再工作。

3. 轴承温度高。

故障原因：润滑油质量不好，加注量过多或过少；轴承质量不好或损坏，游动间隙不当；转速过高。

排除方法：保证加注适量的合格润滑油；更换轴承或调

整游动间隙；保证额定转速。

4.粒度不适当或不均匀

故障原因：筛子规格不对；筛子磨损或筛圈不平行；风门关闭。

排除方法：使用合适的筛子，调整筛圈；开大风门。

5.机器严重振动、有杂音

故障原因：机座不稳固；地脚螺栓松动；粉碎安装不平；主轴弯曲或转子失去平衡；机器转速过高；轴承损坏或内有脏物。

排除方法：稳定机座；拧紧地脚螺栓；调整粉碎机，使之保持平衡；修理或更换主轴，平衡转子；保证额定转速，清洗或更换轴承。

四、谷物干燥机

（一）谷物干燥机的类型

谷物干燥作业是收获后的一项必经工序。谷物干燥机主要用于对含水分高的谷粒进行烘干处理，以防谷粒发霉、变质。近年来，在购机补贴等一系列利好政策拉动下，谷物烘干机械发展迅速。

根据不同的干燥原理，常用的谷物干燥机械设备有：常温通风干燥仓、太阳能集热干燥仓、热力对流干燥机和远红外辐射干燥机等。其中以热力对流干燥机应用最广泛。

热力对流干燥机可按下述方法分类。

（1）按气流温度的高低分为低温慢速干燥机和高温快速干燥机。

（2）按干燥室的结构分为平床式、圆筒（仓）式、柱式、塔式、转筒式等类型。

（3）按作业方式分为连续式、间隙式和循环式。

（4）按干燥室内谷物的状态分为固定床、移动床、流化床等型式。

（二）谷物干燥机的使用

1. 谷物干燥机的使用过程

下面以5HG-4.5型热风干燥机组为例，介绍其使用。

（1）启动主风机，待运转平稳后再开动高位提升机、初清筛和排粮机构。将提升机料斗闸门开启至适当位置（不允许全部打开），开始向初清筛内缓慢送入湿粮，当干燥回流管都开始回粮时，说明干燥塔已加满湿粮，关闭高位提升机和初清筛，让主风机继续运转。

（2）点燃热风炉，开动引风机助燃。这期间不进粮也不排粮，使谷物预热升温。

（3）观察控温仪表，当达到谷物烘干温度时（谷物烘干时的热风温度：水稻45～60℃，小麦90～110℃，玉米100～120℃），再顺序启动高位提升机、初清筛、冷风机、排粮机构、低位提升机和旋轮式清选机。由于开始加入干燥塔的湿粮还未能得到充分干燥，所以必须把旋轮式清选机排粮口转动到初清筛上方，重新喂入高位提升机中，由它再次提升到干燥塔内进行干燥。机器工作2小时后，检测所排出粮食的含水率。当达到所要求的含水率时，把旋轮式清选机排粮口转离初清筛上方，启动排粮机构，并向初清筛缓慢加入湿粮，于是就开始了边加湿粮边排干粮的正常作业。加湿粮的速度应以干燥塔回粮管经常保持少量回粮为宜。

（4）旋轮式清选机的调节。旋轮式清选机上方的引风机出口装有风量调节器，手杆向里推入，引风机风量减小；向外拉，风量增大。通过调节手杆位置，可以实现既保证清选质量，又没有谷物损失的作业要求。

（5）流量调节。通过调节排粮机构无级变速器的转速、曲柄的偏心距和卸粮板与卸粮口的间隙来调节谷物流量，即生产率的大小。同时要保证两个回粮管都有少量回粮。

（6）热风温度的调节。根据谷物干燥的工艺要求把温度控制仪设定指针调到所需热风温度的位置上，在操作人员的监视下，保证实际热风温度保持在给定的范围内；若实际温度超过给定温度，电铃会报警通知操作人员，以便适时降低热风温度。

（7）当一批谷物烘干结束或停止烘干作业时，在干燥塔充满粮食的情况下，停止加料，待回粮管已无回粮时，关闭高位提升机和初清筛，1小时后停止向热风炉加煤。待炉膛内的煤燃尽后，关闭引风机；等粮食排净后，顺序关闭冷风机、排粮机、低位提升机、旋轮式清选机；最后将热风炉内余火清除干净，关闭风机。

2. 使用注意事项

（1）进入干燥塔的原粮应当干净，尽量少含壳屑、石块、秸秆等杂物。否则既浪费能源，又容易引起堵塞等故障。

（2）测量待烘干物的初始水分，应把初始水分相近的粮食合为一批进行烘干。根据每批粮食初始水分的情况，来合理安排烘干工艺，以保证烘干后的粮食含水量基本一致。

（3）在烘干作业前，应对运转部件及密封、紧固件进行一次全面的检查，并经过空载运转正常后方可点火。

（4）在烘干过程中，必须保证烘干温度在工艺要求的范围内。如果温度低于规定的温度范围，烘干效果差，生产效率低；高于规定温度，谷物会产生焦粒。如果高于规定的温度时，应开启冷风调节器，若温度短时间降不下来，应关闭冷风机，待温度正常后，再开动引风机。

（5）作业过程中，应经常测检排粮的含水率。开始烘干时，应每5分钟检测一次；待烘干过程稳定后，可每半小时取样检测一次，并做好记录；如果含水率不符合要求，应及时调整排粮速度。

（6）注意检测粮温，若粮温过高，应加大冷却风量。

（7）给热风炉加煤时，应少加勤加，使煤完全燃烧；加煤要均匀，以保证燃烧一致；炉排下面的灰渣应及时清理出去，否则会造成燃烧炉供风不足，甚至烧坏炉排和炉壁。

（8）全部物料烘干完毕或者要较长时间停工，应将炉火熄灭。如果机器突然停电时，也应将炉火迅速熄灭，否则会缩短热风炉的使用寿命。

（9）切忌炉子干烧，即只开引风机，不开主风机，以免烧坏热风炉。热风温度不允许超过130℃，否则会缩短热风炉使用寿命。

（10）为了避免机械故障，每隔5～7天应停机检修一次。首先将粮食排空，仔细检查各个部分，排出机内杂物；并保证热风炉炉膛耐火砖和耐火泥砌成的炉衬密实无缝。

（11）所用燃煤的燃烧热值应达到5 000大卡/千克以上，否则将影响热风炉的正常工作。

（12）热风炉内燃料燃烧时必须关闭加煤口。加煤口下方的清灰口又是引风机的进风口，此口不能关闭，否则由于热风炉引风不足，会降低燃煤的热效率。更不允许封闭清灰口，加装鼓风机助燃，否则极易烧坏热风炉。

（三）谷物干燥机的常见故障与排除

1. 干燥不均匀

故障原因和排除方法：① 干燥前原粮含水率相差太大，高水分粮与低水分粮应尽可能分开干燥。② 排粮机构调整不当，应调整至各口排粮一致。③ 原料含杂率太高，应加强原料清理。

2. 湿风

故障原因和排除方法：风道连接处变形，导致密封不严，应矫正连接处或加密封垫。

3. 烘干粮未达到所要求的含水率

故障原因和排除方法：① 风温太低，应调整自控系统提高风温，缩小冷风出口。② 干燥塔内集杂多，废气排出不畅，应清除干燥塔内杂物。

4. 粮粒破碎

故障原因和排除方法：① 干燥过度，应检查水分，降低热风温度或加大排粮量。② 提升机调整不当，应调整提升机。

5. 热风温度低

故障原因和排除方法：① 热风炉内积灰尘太多，应停机清理。② 引风机转速低，应调整传动皮带的松紧度。

第七章
拖拉机的使用与维修

一、拖拉机的基本组成

拖拉机按照结构不同，可分为手扶拖拉机、轮式拖拉机和履带式拖拉机等。不管哪种结构的拖拉机，都主要由发动机、底盘和电气设备三大部分组成，图7-1所示为轮式拖拉机的结构简图。

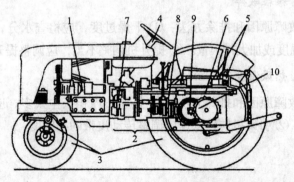

1-发动机；2-传动系统；3-行走系统；4-转向系统；5-液压悬挂系统；
6-动力输出轴；7-离合器；8-变速箱；9-中央传动；10-最终传动

图7-1　轮式拖拉机纵剖面

（一）发动机

发动机是整个拖拉机的动力装置，也是拖拉机的心脏，为拖拉机提供动力。拖拉机上多采用热力发动机，它由机体、曲柄连杆机构、配气机构、燃料供给系统、润滑系统、冷却系统和启动装置等组成。

1.发动机的类型

（1）按燃料分为汽油发动机、柴油发动机和燃气发动机等。

（2）按冲程分为二冲程发动机和四冲程发动机。曲轴转1圈（360°），活塞在气缸内往复运动2个冲程，完成一个工作循环的称为二冲程发动机；曲轴转2圈（720°），活塞在气缸内往复运动4个冲程，完成一个工作循环的称为四冲程发动机。一个冲程是指活塞从一个止点移动到另一个止点的距离。

（3）按冷却方式分为水冷发动机和风冷发动机。利用冷却水（液）作为介质在气缸体和气缸盖中进行循环冷却的称为水冷发动机；利用空气作为介质流动于气缸体和气缸盖外表面散热片之间进行冷却的称为风冷发动机。

（4）按气缸数分为单缸发动机和多缸发动机。只有1个气缸的称为单缸发动机；有2个和2个以上气缸的称为多缸发动机。

（5）按进气是否增压分为非增压（自然吸气）式和增压（强制进气）式。进气增压可大大提高功率，故被柴油机尤其是大功率型广泛采用；而汽油机增压后易产生爆燃，所以应用不多。

（6）按气缸排列方式分为单列式和双列式。单列式一般是垂直布置气缸，也称直列式；双列式是把气缸分成两列，两列之间的夹角一般为90°，称为"v"形发动机，见图7-2。拖拉机的发动机一般采用直列、增压、水冷、四冲程柴油发动机。

（a）单列式　　　　　　（b）双列式

图7-2　发动机排列方式

2.发动机的工作过程

以四冲程柴油发动机为例，发动机的工作分为进气、压缩、做功、排气4个冲程。

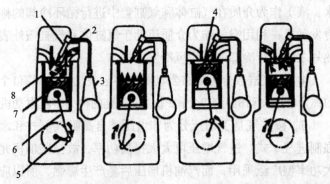

（a）进气冲程　（b）压缩冲程　（c）做功冲程　（d）排气冲程

1-喷油器；2-高压柴油管；3-柴油泵；4-燃烧室；
5-曲轴；6-连杆；7-活塞；8-气缸

图7-3　柴油机工作过程

（1）进气冲程如图7-3（a）所示，曲轴靠飞轮惯性力旋转、带动活塞由上止点向下止点运动，这时进气门打开，排气门关闭，新鲜空气经滤清器被吸入气缸内。

（2）压缩冲程如图7-3（b）所示，曲轴靠飞轮惯性力继续旋转，带动活塞由下止点向上止点运动，这时进气门与排气门都关闭，气缸内形成密封的空间，气缸内的空气被压缩，压力和温度不断升高，在活塞到达上止点前，喷油器将高压柴油喷入燃烧室。

（3）做功冲程如图7-3（c）所示，进排气门仍关闭，气缸内温度达到柴油自燃温度，柴油便开始燃烧，并放出热量，使气缸内的气体急剧膨胀，推动活塞从上止点向下止点移动做功，并通过连杆带动曲轴旋转，向外输出动力。

（4）排气冲程如图7-3（d）所示，在飞轮惯性力作用下，曲轴旋转带动活塞从下止点向上止点运动，这时进气门关闭，排气门打开，燃烧后的废气从排气门排出机外。

完成排气冲程后，曲轴继续旋转，又开始下一循环的进气冲程，如此周而复始，使柴油机不断地转动产生动力。在4个冲程中，只有做功冲程是气体膨胀推动活塞做功，其余3个冲程都是消耗能量，靠飞轮的转动惯性来完成的。因此，做功行程中曲轴转速比其他行程快，使柴油机运转不平稳。

由于单缸机转速不均匀，且提高功率较难，因此，可采用多缸。在多缸柴油机上，通过一根多曲柄的曲轴向外输出动力，曲轴转两圈，每个气缸要做一次功。为保证曲轴转速均匀，各缸做功冲程应均匀分布于一个工作循环内，因此，多缸机各气缸是按照一定顺序工作的，其工作顺序与气缸排列和各曲柄的相互位置有关。另外，还需要配气机构和供油系统的配合。

（二）底盘

底盘是拖拉机的骨架或支撑，是拖拉机上除发动机和电气设备以外所有装置的总称。它主要由传动系统、行走系统、转向系统、制动系统、液压悬挂装置、牵引装置、动力输出装置等组成。

1. 传动系统

传动系统位于发动机与驱动轮之间，其功用是将发动机的动力传给拖拉机的驱动轮和动力输出装置，带动拖拉机前进、倒退、停车，并提供动力的输出。

轮式拖拉机的传动系统一般包括离合器、变速箱、中央传动、差速器和最终传动，如图7-4所示。

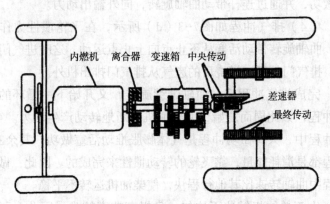

内燃机　离合器　变速箱　中央传动

差速器

最终传动

图7-4　轮式拖拉机的传动系统

履带式拖拉机的传动系统一般包括离合器、变速箱、联轴节、中央传动、左右转向离合器和最终传动。

手扶拖拉机的传动系统一般包括离合器、传动箱、变速箱、左右转向机构和最终传动。

2. 转向系统

拖拉机的转向系统功用是控制和改变拖拉机的行驶方向。

轮式拖拉机的转向系统由转向操纵机构、转向器、转向传动机构和差速器组成（图7-5）。

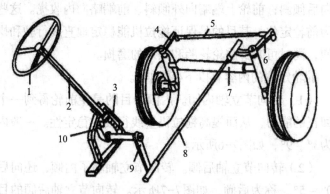

1-方向盘；2-转向轴；3-蜗杆；4-转向摇臂；5-横拉杆；6-转向杠杆；
7-前轴；8-纵拉杆；9-转向垂臂；10-蜗轮

图7-5　轮式拖拉机的转向系统

转向系统的工作过程是：转动方向盘，转向轴带动转向器的蜗杆与蜗轮转动，使转向垂臂前后摆动，推拉纵拉杆，带动转向杠杆、横拉杆、转向摇臂，使两前轮同时偏转。转向杠杆、横拉杆、转向摇臂和前轴形成一个梯形，这就是常说的转向梯形。转向器广泛采用球面蜗杆滚轮式、螺杆螺母循环球式和蜗杆蜗轮式。

3. 行走系统

其功用是支撑拖拉机的重量，并使拖拉机平稳行驶。

轮式拖拉机行走系统一般由前轴、前轮和后轮组成。其中，能传递动力用于驱动车轮行走的，称驱动轮；能偏转而用于引导拖拉机转向的，称为导向轮。仅有两个驱动轮的称为两轮驱动式拖拉机；前后4个车轮都能驱动的，称为四轮驱动式拖拉机。

拖拉机的前轮在安装时有以下特点：转向节立轴略向内和向后倾斜；前轮上端略向外倾斜、前端略向内收拢。这些统称为前轮定位，其目的是保证拖拉机能稳定地直线行驶和操纵轻便，同时可减少前轮轮胎和轴承的磨损。

前轮定位的内容有以下4项内容。

（1）转向节立轴内倾。内倾的目的是使前轮得到一个自动回正的能力，从而提高拖拉机直线行驶的稳定性。一般内倾角为3°～9°，如图7-6所示。

（2）转向节立轴后倾。转向节立轴除了内倾，还向后倾斜0°～5°，称为后倾，如图7-7所示。转向节立轴后倾的目的是为了使前轮具有自动回正的能力。

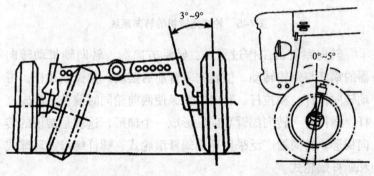

图7-6　转向节立轴内倾　　　　图7-7　转向节立轴后倾

（3）前轮外倾。拖拉机的前轮上端略向外倾斜2°～4°，称为前轮外倾，如图7-8所示。

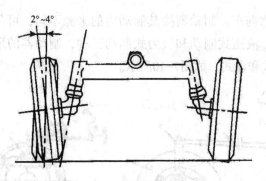

图7-8　前轮外倾

前轮外倾有两个作用：一是可使转向操作轻便；二是可防止前轮松脱。但是外倾后会造成前轮轮胎的单边磨损，因此，要定期换边、换位使用，以防磨损过度，导致轮胎提前报废。

（4）前轮前束。两个前轮的前端，在水平面内向里收拢一段距离，称为前轮前束，如图7-9所示，前端的尺寸小于后端的尺寸。

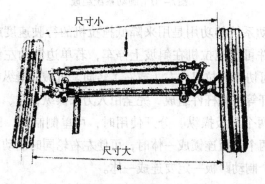

图7-9　前轮前束

4.制动系统

拖拉机的制动系统由操作机构和制动器两部分组成，制动器俗称刹车。制动器按其制动力的来源不同，可分为机械式制动、液压式制动和气力式制动三种，制动器的形式有蹄式、带式和盘式，如图7-10所示。

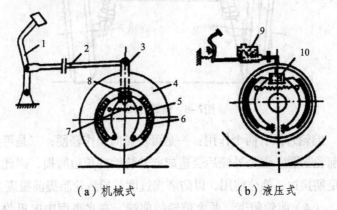

（a）机械式　　　　　（b）液压式

1-制动踏板；2-拉杆；3-制动臂；4-车轮；5-制动鼓；6-制动蹄；

7-回位弹簧；8-制动凸轮；9-制动总泵；10-制动分泵

图7-10　制动系统组成

制动系统的功用是用来降低拖拉机的行驶速度或迅速制动的，并可使拖拉机在斜坡上停车，若单边制动左侧（或右侧），可协助拖拉机向左（或右）转向。机械式操纵机构由踏板、拉杆等机械杆件组成，完全由人力来操纵，左、右制动器分别由两个踏板操纵，分开使用时，可单侧制动，以协助转向。当两个踏板连锁成一体时，可使左右轮同时制动。运输作业时两个制动踏板一定要连成一体。

液压式操纵机构有的由液压油泵供给动力，属动力式液压刹车；有的是靠人力，用脚踩踏板给油泵供油，属人力液压刹车。

蹄式制动器的制动部件类似马蹄,故称为蹄式。制动蹄的外表面上铆有摩擦片,称为制动蹄片,每个制动器内有两片。制动鼓与车轮轮圈制成一体或装在半轴上。当踩下制动踏板时,通过传动杆件制动臂,带动制动凸轮转动,将两个制动蹄片向外撑开,紧紧压在制动鼓的内表面上,产生摩擦力矩使制动鼓停止转动,即半轴停止转动。不制动时,放松制动踏板,靠回位弹簧使制动蹄片回位,保持与制动鼓之间有一定的间隙。

5.液压悬挂装置

拖拉机液压悬挂装置用于连接悬挂式或半悬挂式农具,进行农机具的提升、下降及作业深度的控制。

(1)拖拉机液压悬挂装置的组成。

如图7-11所示,由液压系统和悬挂机构两部分组成。液压系统主要由油泵、分配器、油缸、辅助装置(液压油箱、油管、滤清器等)和操纵机构组成;悬挂机构主要由提升臂、上拉杆、提升杆及下拉杆组成。

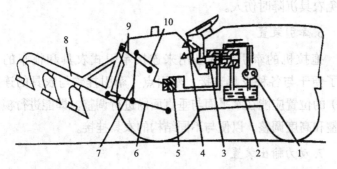

1-油泵;2-油箱;3-分配器;4-操纵手柄;5-油缸;6-下拉杆;
7-提升杆;8-农具;9-上拉杆;10-提升臂

图7-11 拖拉机液压悬挂装置

（2）拖拉机液压悬挂装置的功能。

一般拖拉机的液压悬挂装置设有位调节和力调节两个控制手柄，可根据农具耕作条件选择使用。在地面平坦、土壤阻力变化较小的情况下，需通过自动调节深浅，使牵引力较稳定，以保持拖拉机的稳定负荷，并使耕作的农具不致因阻力过大而损坏，此时应使用力调节。

应注意以下事项。

① 在使用力调节时，必须先将位调节手柄放在"提升"位置并锁紧，再操纵力调节手柄。

② 在使用位调节时，必须先将力调节手柄放在"提升"位置并锁紧，再操纵位调节手柄。

③ 悬挂农具在运输状态时，应将内提升手臂锁住，使农具不能下落。

④ 当不需要使用液压装置时，应将两个手柄全部锁定在"下降"位置，不能将力、位调节手柄都放在"提升"位置。

⑤ 严禁在提升的农具下面进行调整、清洗或其他作业，以免农具沉降时伤人。

6. 牵引装置

拖拉机的牵引装置是用来连接牵引式农具和拖车的，为了便于与各种农具连接，牵引点（牵引挂钩与农具的连接点）的位置应能在水平面与垂直面内进行调整。即能进行横向调整和高度调整，以便与不同结构的农具挂接。

7. 动力输出装置

拖拉机向农业机械输出动力的形式有两种：移动作业时，通过动力输出轴，由带有万向节的联轴器把动力传递给农具；固定作业时，在动力输出轴上安装驱动皮带轮，向固定作业机具输出动力。

（三）电气设备

电气设备主要用来解决拖拉机的照明、信号及发动机的启动等，由发电设备、用电设备和配电设备三部分组成。发电设备包括蓄电池、发电机及调节器；用电设备包括启动电动机、照明灯、信号灯及各种仪表等；配电设备包括配电器、导线、接线柱、开关和保险装置等。

二、拖拉机的驾驶要领

（一）基本驾驶技术

1. 拖拉机的启动

启动前应对柴油机的燃油、润滑油、冷却水等项目进行检查，并确认各部件正常，油路畅通且无空气，变速杆置于空挡位置，并将熄火拉杆置于启动位置，液压系统的油箱为独立式的，应检查液压油是否加足。

（1）常温启动。

先踩下离合器踏板，手油门置于中间位置，将启动开关顺时针旋至第Ⅱ挡（第Ⅰ挡为电源接通）"启动"位置，待柴油机启动后立即复位到第Ⅰ挡，以接通工作电源。若10秒内未能启动柴油机，应间隔1~2分钟后再启动，若连续三次启动失败，应停止启动，检查原因。

（2）低温启动。

在气温较低（-10℃以下）冷车启动时可使用预热器（有的机型装有预热器）。手油门置于中、大油门位置，将启动开关逆时针旋至"预热"位置，停留20~30秒再旋至"启动"位置，待柴油机启动后，启动开关立即复位，再将手油门置于急速油门位置。

（3）严寒季节启动。

按上述方法仍不能启动时，可采取以下措施。① 放出油底壳机油，加热至80～90℃后加入，加热时应随时搅拌均匀，防止机油局部受热变质。② 在冷却系统内注入80～90℃的热水循环放出，直至放出的水温达到40℃时为止。然后按低温启动步骤启动。③ 严禁在水箱缺水或不加水、柴油机油底壳缺油的情况下启动柴油机。④ 柴油机启动后，若将油门减小而柴油机转速却急剧上升，即为飞车，应立即采取紧急措施迫使柴油机熄火。方法为用扳手松开喷油泵通向喷油器高压油管上的拧紧螺母，切断油路或拔掉空气滤清器，堵住进气通道。

2. 拖拉机的起步

（1）检查起步。

起步时应检查仪表及操纵机构是否正常，驻车制动操纵手柄是否在车辆行驶位置，并观察四周有无障碍物，切不可慌乱起步。

（2）挂农具起步。

如有农具挂接的情况，应将悬挂农具提起，并使液压控制阀位于车辆行驶的状态。

（3）起步操作。

放开停车锁定装置，踏下离合器踏板，将主、副变速杆平缓地拨到低挡位置，然后鸣喇叭，缓慢松开离合器踏板，同时逐渐加大油门，使拖拉机平稳起步。

上、下坡之前应预先选好挡位。在陡坡行驶的中途不允许换挡，更不允许滑行。

3.拖拉机的换挡

（1）拖拉机的挂挡。

拖拉机在行驶的过程中，应根据路面或作业条件的变化变换挡位，以获得最佳的动力性和经济性。为了使拖拉机保持良好的工作状况，延长拖拉机离合器的使用寿命，驾驶员在换挡前必须将离合器踏板踩到底，使发动机的动力与驱动轮彻底分开。此时换入所需挡位，再缓慢松开离合器踏板。

拖拉机改变进退方向时，应在完全停车的状态下进行换挡；否则，将使变速器产生严重机械故障，甚至使变速器报废。拖拉机越过铁路、沟渠等障碍时，必须减小油门或换用低挡通过。

（2）行驶速度的选择。

正确选择行驶速度，可获得最佳生产效率和经济性，并且可以延长拖拉机的使用寿命。拖拉机工作时不应经常超负荷，要使柴油机有一定的功率储备。对于田间作业速度的选择，应使柴油机处于80%左右的负荷下工作为宜。

田间作业的基本工作挡如下：犁耕时常用Ⅱ、Ⅲ、Ⅳ挡，旋耕时常用Ⅰ、Ⅱ挡或爬行Ⅵ、Ⅶ、Ⅷ挡，耙地时常用Ⅲ、Ⅳ、Ⅴ挡，播种时常用Ⅲ、Ⅳ挡，小麦收割时常用Ⅲ挡，田间道路运输时常用Ⅵ、Ⅶ、Ⅷ挡，用盘式开沟机开沟（沟的截面积为0.4米^{2}时）时常用爬行Ⅰ挡。

当作业中柴油机声音低沉、转速下降且冒黑烟时，应换低一挡位工作，以防止拖拉机过载；当负荷较轻而工作速度又不宜太高时，可选用高一挡小油门工作，以节省燃油。

拖拉机转弯时必须降低行驶速度，严禁在高速行驶中急转弯。

4. 拖拉机的转向

拖拉机转向时应适当减小油门，操纵转向盘实现转向。当在松软土地或在泥水中转向时，要采用单边制动转向，即使用转向盘转向的同时，踩下相应一侧的制动踏板。

轮式拖拉机一般采用偏转前轮式的转向方式，特点是结构简单、使用可靠、操纵方便、易于加工，且制造成本低廉。其中前轮转向方式最为普遍，前轮偏转后，在驱动力的作用下，地面对两前轮的侧向反作用力的合力构成相对于后桥中点的转向力矩，致使车辆转向。

手扶式拖拉机常采用改变两侧驱动轮驱动力矩的转向方式，切断转向一侧驱动轮的驱动力矩，利用地面对两侧驱动轮的驱动力差形成的转向力矩而实现转向。

手扶式拖拉机的转向特点是转弯半径小，操纵灵活，可在窄小的地块实现各种农田作业，特别是水田的整地作业更为方便。

5. 拖拉机的制动

制动时应先踩下离合器踏板，再踩下制动器踏板，紧急制动时应同时踩下离合器踏板和制动器踏板，不得单独踩下制动器踏板。

制动的主要作用是迫使车辆迅速减速或在短时间内停车；还可控制车辆下坡时的车速，保证车辆在坡道或平地上可靠停放，并能协助拖拉机转向。拖拉机的安全行驶很大程度上取决于制动系统工作的可靠性，因此，要求具有足够的制动力；良好的制动稳定性（前、后制动力矩分配合理，左、右轮制动一致）；操纵轻便，经久耐用，便于维修；具有挂车制动系统，挂车制动应略早于主车（当挂车与主车脱钩时，挂车能自行制动）。

6. 拖拉机的倒车

拖拉机在使用中经常需要倒车，特别是拖拉机连接挂车、换用农具时都要用到拖拉机的倒车过程。上述的挂接过程中易出现人身伤亡事故，应特别引起驾驶员的注意。挂接时一定要用拖拉机的低速挡操作，要由经验丰富的驾驶员来完成。

7. 拖拉机的停车

拖拉机短时间内停车可以不熄火，长时间停车应将柴油机熄火。熄火停车的步骤是：减小油门，降低拖拉机速度；踩下离合器踏板，将变速杆置于空挡位置，然后松开离合器；停稳后使柴油机低速运转一段时间，以降低水温和润滑油温度，不要在高温时熄火；将启动开关旋至"关"的位置，关闭所有电源；停放时应踩下制动器踏板，并使用停车锁定装置。

冬季停放时应放净冷却水，以免冻坏缸体和水箱。

（二）道路驾驶技术

拖拉机在道路上行走时，正常速度高，开车前应对拖拉机进行认真的检查和准备。乡村道路条件差，不平，坡多，过村庄、桥梁、田埂较多，驾驶员要小心安全驾驶。

1. 白天道路驾驶技能

一是掌握好驾驶速度。应根据自己的车型、道路、气候、载重以及来往车辆、行人状态确定自己的车速。要严格遵守安全交通规则的限速规定，正常大中型拖拉机行驶速度每小时约20公里，最高车速一般不超过每小时30公里。严禁采用调整调速器、换加大轮等方法提高车速。

二是掌握好车间距离。车与车应保持一定的距离，间距的大小与当时的气候、公路条件和车速等因素有关。正常平路行走车距保持在30米以上，坡路、雨雪天气车距保持在50米以上。

三是转弯。转弯时必须减速，鸣喇叭，开转向灯，靠右行。

四是会车。会车时要严守交通规则，并减速靠右行。两车之间的侧向间距最短要大于1米。若拖拉机带有拖车会车时，应提前靠右行驶，使拖拉机与拖车在一条直线上。

五是超车。在超车前要看后面有无车辆超车，被超车的前面有无前行的车辆和有无迎面来的车辆，判断前车速度及道路许可情况下，然后向前车左侧接近，打开左转向灯，鸣喇叭，加速从前车的左边超越，超车后，距被超车辆20米以上再驶入正常行驶路线。发现后面的车辆鸣喇叭若要超车时，在道路和交通情况允许情况下，主动减速靠右行，鸣喇叭或以手势示意让后面的车辆超车。

2. 夜间驾驶技能

夜间驾驶，灯光照射范围和亮度小，视线不好，有时灯光闪动，看地形与行驶方向比较困难，还会造成错觉。夜间安全驾驶更需要认真做好准备工作，严格遵守交通规则，掌握好驾驶技能。

（1）夜间驾驶道路的识别方法。

一是以发动机的声音及机车的灯光了解道路。车速自动变慢和发动机声音变闷时，是行驶阻力增大，机车正在爬缓坡或驶入松软路面。相反，车速加快和机车声音变得轻松，是行驶阻力变小或在下坡。灯光离开地面时，前方可能出现急转弯、遇大坑、大下坡或者是上坡顶。灯光由路中间移向路侧面时，说明前方出现弯路。若灯光从公路的一侧移向另一侧时，则是驶入连续弯道。灯光照在路面上时，路面的不平遮挡灯光照射，前方路面会出现黑影。二是以路面的颜色了解道路。若夜间摸黑路没有照明，走的是碎石路面，无月夜，路面是深灰色，路外是黑色；有月夜，路面灰白色，积水处是白色。雨后的路面是灰黑色，坑洼、泥泞处是黑色，积水处是白色。雪后，车辙是灰白色。

（2）夜间驾驶要注意的事项。

一是防止瞌睡；二是注意路上行人；三是车速要慢；四是增加车间距离，严防追尾；五是尽量避免超车。六是会车要远近灯结合。

3. 特殊路段驾驶技能

一是要掌握好城区道路驾驶技能。城区道路人较多，街道纵横交错，但道路标志、标线设施和交通管理较好。进到城区，要知道城区道路交通情况，如像限制拖拉机通行的路线不能进入，必须按规定的路线和时间行驶。各行其道，看清道路交通标志，不准闯红灯。随时做好停车准备，停车要停在停车线以内。转弯时要打转向灯。

二是要掌握好乡村道路驾驶技能。乡村道路窄，质量差，要低速驾驶。要特别小心畜力车、人力车、拖拉机、牲畜家禽等。过村庄、学校、单位门口时，要防备人、车辆、牲畜窜入路面，避免发生事故。

三是要掌握好过铁路、桥梁、隧道时的驾驶技能。过有看守人的铁道路口时，要看道口指示灯或看守人员的指挥手势；过无人看管的铁道路口时，要朝两边看一下，在无火车通过时再低速驶过铁道路口，中途不准换挡。万一拖拉机停在铁道路上，想方设法尽快将拖拉机移出铁轨。过桥梁要靠右边，低速通过桥梁。过隧道时，检查拖拉机装载高度是否小于隧道的限高。若能过则要打开灯光，鸣喇叭，低速通过。

4. 紧急情况驾驶技能

发生交通事故，都是由突然情况所致。

（1）当遇到爆胎时应双手紧握方向盘，挡住方向盘的自行转动，控制拖拉机直线行驶方向，有转向时不要过度校正。在控制住方向的情况下，轻踩制动踏板使拖拉机缓慢减速，慢慢地将拖拉机靠路边停住。切忌慌乱中向相反方向急转方向盘或急踩制动踏板，否则将发生蛇形或侧滑，导致翻车或撞车重大事故。

（2）当遇到倾翻时。若是侧翻，应双手紧握转向盘，双脚钩住踏板，背部紧靠座椅靠背，尽力稳住身体，随车一起侧翻；若路侧有深沟连续翻滚则应尽量使身体往座椅下躲缩，抱住转向杆避免身体在车内滚动，也可跳车逃生。跳车的方向应向翻车相反方向或运行的后方。落地前双手抱头，蜷缩双腿，顺势翻滚，自然停止。若是感到被甩出车外则毫不犹豫地在甩出的瞬间，猛蹬双腿，助势跳出车外。

（3）当遇到撞车时。首先应控制方向，顺前车或障碍物方向，极力改正面碰撞为侧撞，改侧撞为刮擦，以减轻损失程度。

（4）当遇到转向失控时。根据前方公路情况，若能保持直线行驶时，要轻踩制动踏板，轻拉制动操纵杆，慢慢地停下来。若已偏离直线行驶方向时，事故无可避免，则应果断地连续踩下制动踏板，尽快减速停车，减轻撞车力度。

（5）当遇到突然熄火情况时。应连续踩2～4次油门踏板，转动点火开关，再次启动，若启动成功，要停车检查，查明排除故障后再继续行驶。若试图再次启动失败，应打开右转向灯，利用惯性，操纵方向盘，使拖拉机缓慢驶向路边停车，打开停车警示灯。检查熄火原因，排除故障。

（6）当遇到下坡制动失效时。若是宽阔地带可迂回减速、停车，当然最好是利用道路边专设的紧急停车道停车。若不能，则应抬起油门踏板，从高速挡越级降到低速挡用发动机牵阻，降低车速，慢慢开到能修车位置，停车检修。若速度还较快，可逐渐拉紧主车制动器操纵杆，逐步阻止传动机件旋转，达到停车目的。若以上措施仍无法有效控制车速，事故无法避免时，则应果断将车靠向山坡一侧，利用车厢一侧与山坡靠拢碰擦；若山坡无法与车厢碰擦，则只能利用车前保险杠斜向撞击山坡，迫使拖拉机停车，以达到减小事故的目的。

三、拖拉机故障诊断与排除

（一）拖拉机故障产生原因

拖拉机零件的技术状况在工作一定时间后会发生变化，当这种变化超出了允许的技术范围，而影响其工作性能时，即称为故障。如发动机动力下降、启动困难、漏油、漏水、漏气、耗油量增加等。拖拉机产生故障的原因是多方面的，零件、合件、组件和总成之间的正常配合关系受到破坏和零件产生缺陷则是主要的原因。

1.零件配合关系的破坏

零件配合关系的破坏主要是指间隙或过盈配合关系的破坏。例如，缸壁与活塞配合间隙增大，会引起窜机油和气缸压力降低；轴颈与轴瓦间隙增大，会产生冲击负荷，引起振动和敲击声；滚动轴承外环在轴承孔内松动，会引起零件磨损，产生冲击响声等。

2. 零件间相互位置关系的破坏

零件间相互位置关系的破坏主要是指结构复杂的零件或基础件。例如，拖拉机变速器壳体变形、轴承孔沿受力方向偏磨等，都会造成有关零件间的同轴度、平行度、垂直度等超过允许值，从而产生故障。

3. 零件、机构间相互协调性关系的破坏

例如，汽油机点火时间过早或过晚，柴油机各缸供油量不均匀，气门开、闭时间过早或过晚等，均属协调性关系的破坏。

4. 零件间连接松动和脱开

零件间连接松动和脱开主要是指螺纹连接及焊、铆连接松动和脱开。例如，螺纹连接件松脱、焊缝开裂、铆钉松动和铆钉剪断等都会造成故障。

5. 零件的缺陷

零件的缺陷主要是指零件磨损、腐蚀、破裂、变形引起的尺寸、形状及外表质量的变化。例如，活塞与缸壁的磨损、缸体与缸盖的裂纹、连杆的扭弯、气门弹簧弹力的减弱和油封橡胶材料的老化等。

6. 使用、调整不当

拖拉机由于结构、材质等特点，对其使用、调整、维修保养应按规定进行。否则，将造成零件的早期磨损，破坏正常

的配合关系，导致损坏。

综上所述，不难得出产生故障的原因：一是使用、调整、维修保养不当造成的故障。这是经过努力可以完全避免的人为故障。二是在正常使用中零件缺陷产生的故障。到目前为止，人们尚不能从根本上消除这种故障，是零件的一种自然恶化过程。此类故障虽属不可避免，但掌握其规律，是可以减少其危害而延长拖拉机的使用寿命。

（二）故障诊断方法

故障症状是故障原因在一定的工作时间内的表现，当变更工作条件时，故障症状也随之改变。只在某一条件下，故障的症状表露得最明显。因此，分析故障可采用以下方法。

1. 轮流切换法

在分析故障时，常采用断续的停止某部分或某系统的工作，观察症状的变化或症状更为明显，以判断故障的部位所在。例如，断缸分析法，轮流切断各缸的供油或点火，观察故障症状的变化，判明该缸是否有故障，如发动机发生断续冒烟情况，但在停止某一缸的工作时，此现象消失，则证明此缸发生故障。又如在分析底盘发生异常响声时，可以分离转向离合器。将变速杆放在空挡或某一速挡，并分离离合器，可以判断异常响声发生在主离合器前还是发生在主离合器后，发生在变速器还是发生在中央传动机构。

2. 换件比较法

分析故障时，如果怀疑某一部件或是零件故障起因，可用技术状态完好的新件或修复件替换，并观察换件前后机器工作时故障症状的变化，断定原来部件或零件是否是故障原因所

2. 拖拉机漏油

（1）回转轴漏油。

可将启动机的变速杆轴和离合器手柄轴在车床上削出密封环槽，装上相应尺寸的密封胶圈。同时，检查减压轴胶圈是否老化失效，如有需要应更换新胶圈。

（2）开关漏油。

若因球阀磨损或锈蚀时，应清除球阀与座孔之间的锈，并选择合适的钢球代用；若因密封填料及紧固螺纹损坏，应修复或更换紧固件和更换密封填料；若因锥接合面不严密，可用细气门砂和机油研磨。

（3）螺塞油堵漏油。

螺塞油堵漏油部分包括锥形堵、平堵和工艺堵，若因油堵螺丝损坏或不合格，应更换新件；若因螺孔螺丝损坏，可加大螺孔尺寸，配装新油堵；若因锥形堵磨损，可用丝锥攻丝后改为平堵，然后加垫装复使用。

（4）平面接缝漏油。

如因接触面不平或接触面上有沟痕或毛刺，应根据接触面的不平程度，采用什锦锉、细砂纸或油石磨平，大件可用机床磨平。另外，装配的垫片要合格，同时要清洁。

3. 转向沉重

造成拖拉机转向沉重的原因很多，因根据不同情况，逐一排除故障：一是齿轮油泵供油量不足，齿轮油泵内漏油或转向油箱内滤网堵塞，此时应检查齿轮油泵是否正常，并清洗滤网；二是转向系统内有空气，转动方向盘，而油缸时动时不动，应排出系统中的空气，并检查吸油管路是否进气，有空气应及时排出；三是转向油箱的油量不足，达不到规定的油面高度，加油至规定的油面高度即可；四是安全阀弹簧弹力变弱，或钢球不密封，应清洗安全阀并调整安全阀弹簧压力；五是油液黏度太大，应使用规定的液压油；六是阀体内钢球单向阀失效，快转与慢转方向盘均沉重，并且转向无力，此时应清洗、保养或更换零件。

4. 气制动阀失灵

拖拉机的气制动阀挺杆大多是由塑料制成的，其外径、长度往往易受热胀冷缩的影响而改变，导致气制动阀失灵。当挺杆外径变大时，会在气制动阀壳体内产生卡滞故障，使阀体合件打不开、不进气、不放气，或在开启位置不回位、不充气、无气压；当挺杆长度变短时，使阀体合件打不开、不进气、不放气。其排除方法是：当挺杆外径变大、长度变长时，可用细砂纸轻轻打磨后装复拉动试验，直至符合要求为止。

5. 离合器打滑

排除离合器打滑故障的顺序和方法如下。首先检查踏板自由行程，如不符合标准值，应予以调整。若自由行程正常，应拆下离合器底盖，检查离合器盖与飞轮接合螺栓是否松动，如有松动，应予扭紧。其次，察看离合器磨擦片的边缘是否有油污甩出，如有油污应拆下用汽油或碱水清洗并烘干，然后找出油污来源并排除之。如发现磨擦片严重磨损、铆钉外露、老化变硬、烧损以及被油污浸透等，应更换新片，更换的新磨擦片不得有裂纹或破损，铆钉的深度应符合规定。再次，检查离合器总泵回油孔，如回油孔堵塞应予以疏通。经过上述检查调整，仍未能排除故障，则分解离合器，检查压盘弹簧的弹力。压盘弹簧良好，应长短一致，如参差不齐，应更换新品；如弹力稍有减少，长度差别不大，可在弹簧下面加减垫片调整。

6. 变速后自由跳挡

拖拉机运行中，变速后出现自由跳挡现象，主要是拨叉轴槽磨损、拨叉弹簧变弱、连杆接头部分间隙过大所致。此时应采用修复定位槽、更换拨叉弹簧、缩小连杆接头间隙，挂挡到位后便可确保正常变速。

7. 前轮飞脱

前轮飞脱原因包括：前轮紧固螺母松脱；前轮轴承间隙过大，受冲击损坏，"咬伤"前轴；前轴与轴承干磨或长期润滑不良，导致损坏。排除方法为：更换前轮轴承，上好紧固螺母，并用开口销锁牢。装配后认真检查调整前轮轴承间隙，同时，定期向前轮轴承等各处加注润滑油，使轴承润滑良好，延长轴承使用寿命。

8. 后轮震动

拖拉机行驶中驱动轮发出无节奏的"咣当咣当"的响声，且后轮伴有不断的偏摆现象，尤其在高低不平的路面上行驶时，表现得尤为频繁剧烈。若拖拉机在行驶中出现上述情形，应立即停车检查车轮固定螺母并用手扳动驱动轮试验，一般可以断定故障所在。如此情况发生在新车或修理更换轮胎不久的拖拉机上，多是由于车轮固定螺母扭力不均或紧固不当造成。另外，驱动轮轮轴与辐板紧固螺栓松动，驱动轮轴轴承间隙过大，也会引发此故障。应逐一进行检查，如系螺栓、螺母松动，应分别按要求紧固之；若是轴承间隙过大，应予以调整。

毕文平，师勇力，马建明. 2018. 农业机械维修员[M]. 北京：中国农业科
　学技术出版社.

郭永旺，邵振润，赵清. 2014. 植保机械与施药技术培训指南[M]. 北京：
　中国农业出版社.

李慧，张双侠. 2018. 农业机械使用维护技术：大田种植业部分[M]. 北
　京：中国农业大学出版社.

李烈柳. 2008. 农作物种收机械使用与维修[M]. 北京：金盾出版社.

卢元翠. 2015. 农产品加工新技术[M]. 北京：中国农业出版社.

冉文清，师勇力，范官友. 2016. 新型农机驾驶员培训读本[M]. 北京：中
　国农业科学技术出版社.